普通高等教育"十一五"环境艺术设计专业系列教材
ENVIRONMENT ART DESIGN

空间构成与造型

SPACE AND A MODELING

段邦毅　编著

中国电力出版社
CHINA ELECTRIC POWER PRESS

内 容 提 要

　　本书主要阐述的是环境艺术设计专业中空间构成和空间造型方面的基础知识。本书借鉴了大量国内外有关空间构成和空间创意类的创造性理念和设计方法，结合我国环境艺术设计专业的实际情况，为本专业学生量身编写。本书首先就空间理论作了系统的介绍，并在此基础上增强创意技能训练，从而让初学者能深入理解空间构成的理论知识，并逐步掌握空间创意及造型设计的方法。

　　本书可作为高等院校、职业院校、函授大学、网络学院和电视大学的环境艺术设计、建筑学、城市规划等相关专业的教材。

图书在版编目（CIP）数据

空间构成与造型／段邦毅编著 . —北京：中国电力出版社，2008.8（2024.1 重印）
普通高等教育"十一五"环境艺术设计专业规划教材
ISBN 978-7-5083-6139-0

I. 空…　Ⅱ . 段…　Ⅲ . 空间设计 – 高等学校 – 教材　Ⅳ .TU206

中国版本图书馆 CIP 数据核字（2008）第 096913 号

责任编辑：熊荣华（010–63412543）
责任校对：黄　蓓　王海南
责任印制：吴　迪

书　　名：空间构成与造型
编　　著：段邦毅
出版发行：中国电力出版社
　　　　　地址：北京市东城区北京站西街19号　　邮政编码：100005
印　　刷：三河市万龙印装有限公司印刷
开本尺寸：185mm×260mm　　印　张：9.5　　字　数：230千字
书　　号：ISBN 978-7-5083-6139-0
版　　次：2008年8月北京第1版
印　　次：2024年1月第10次印刷
定　　价：38.00元

序

在经济高速发展的 21 世纪，环境艺术设计作为城市规划和建筑设计的延伸和拓展，已经成为一个重要的支柱产业，其目的是根据人类对室内外空间的生理与心理、物质与精神的多重需求，对室内与室外环境加以利用、调节、充实和发展，为人类建立一种适合其生存并促进其自身发展的生活环境和空间。

然而，环境艺术不同于其他工商业产品，无法大量地重复制造，而是需要不断与时俱进、开拓创新，这不仅因为其自身具有的艺术属性，而且也由于社会发展和人类科技文化的进步，环境艺术设计的内容得以不断扩展和更新，其涉及的范围也更加广阔。因此，环境艺术设计的任务是丰富多变的，这就需要培养大量知识面宽、综合素质强、具有实践能力和创新思维的环境艺术设计人才。环境艺术设计人才的培养是一项系统工程，它涉及艺术和科学两大领域的许多学科内容，具有多学科交叉、渗透、融合的特点，非常需要有与之相适应的教育内容体系。

因此，基于培养符合新时代要求的环境艺术设计人才的目的，我们组织编写了这套教材。本套教材的编写者都是各个高校有着多年教学经验和实践经验的资深教师，其特点是将传统的人文观念、环境美学与现代艺术表现形式相结合，具有一定的时代特征和时尚导向，并且强调理论与实践并重，以设计实践案例来验证理论。

本套教材立足于实际教学，着眼于行业发展，力求最大程度地提高读者的理论水平和实践能力。本套教材具有以下特点：

（1）内容全面、系统。本套教材覆盖了环境艺术设计专业所涉及的全部内容。

（2）实用性强。本套教材在立足于实践的基础上，将本专业知识浓缩成一个个具有极高参考价值的知识点，由专业教师编写成册，并配有习题和训练方向，同时还配备了完整的电子教案。

（3）实践性强。本套教材集理论教学和实践训练于一体，重视对学生实际操作能力的训练和培养。通过编写教师在实际工作中积累的许多经典实例来深入地讲解相关专业知识，使学生在短时间内掌握专业知识的要点。

（4）权威性高。本套教材集合了众多知名院校的骨干级教师，在本套教材编审委员会的指导下联合编写，充分发挥了各位参编教师的特点，在充分讨论的基础上，既保留了个性化的特点，又具有广泛的普遍性。

这套教材既可以作为本科教育和研究生教学的教材，也可以作为专业人士的工作参考书，以及其他相关人员的自学教材。

本套教材由于面广量大，不完善之处在所难免，希望有关专家和广大读者提出宝贵意见，以求臻于完美，能对环境艺术的发展起更大的作用，给读者带来更多帮助。

张绮曼

Preface 前　言

　　本书主要阐述和探讨了环境艺术设计中，空间构成和空间造型方面的基础知识。本书以因空间设计而触及的诸要素为主线，从空间生成、空间组合、空间构成的形式美规律及相互间的关系来进行讨论。同时加强了空间构成作业部分的训练。为让初入门的学生深刻理解和掌握空间的知识结构及空间创意和造型的方法，本书特意把学生的整个注意力聚集在"空间创意（创造的游戏）"这一作业环节上，让学生由空间想象到空间构绘，完成由平面到立体空间的思考与转换，最后以搭建模型的方式做完本课题作业。整个教学过程是在循序渐进的过程中让学生完成对空间概念的初步解读；继而到体会"空间是做出来的"大量作业训练；空间创意的艰难体验；又到对空间现实模拟这样一个系统而创造性的学习过程，对入门的学生应该是有较大帮助的，也因此可以迅速地把学生带入环境空间的无尽创造之中。

　　本书在教学中采用了理论概念化讲授和案例分析论证等方法，以此展开对各知识点和面的探讨。环境空间是建立在建筑空间上的空间设计，因此，在空间理论的阐述方面，本书还借助了建筑学上的许多成熟理论和方法作为充实和完善。特别是彭一刚先生《建筑空间组合论》中的许多论点和论述对本书的建设和完善起到了重要的作用，还有些课题是借鉴国内外教学典型案例的成果和经验综合而成的。

　　环境空间构成与造型课程要解决的问题还很多，其相关领域和学科上有更多的问题要去细致研究，以达到一切为其兼之、容之并用之。这样，环境艺术学科和相关的艺术设计才能真正地健全和丰满起来。本书只是在空间构成和造型这一教学环节上搭构了一个不尽完善的教学框架，有待诸位同仁进一步充实。

　　本书在写作过程中有很多理论上的论述和图例是引用他人的成果的，有些图例也是改绘的，在此一并向原作者表示由衷的感谢。

作　者

2008 年 4 月

目　录

第一章
环境空间设计概论

第一节　空间设计概论

空间设计是指建立在人居建筑空间上的环境空间造型艺术设计。环境空间艺术设计包含了空间功能和空间精神等空间设计的各种概念。

一、从"容器说"到空间概念的解读

中国人对人居空间的认识和理论判断是悠久而精辟的。在两千五百多年前，老子就论述"埏埴以为器，当其无，有器之用；凿户牖以为室，当其无，有室之用"（老子《道德经》），主要强调了用土泥做建筑空间围合体的这个外壳不是最本质的，而建筑围合体形成的空间才是建筑的根本。老子还形象地把这个用土泥做成的建筑围合体比喻为容纳人活动的容器。这个容器是人活动的空间，具有"量""形""质"的规定性特质❶。实际上这个有一定规定性的量、形、质的空间容器和有特定意义的外壳（围合体）共同构建了有意义的空间实质，这个空间实质不仅满足了个人，而且满足了整个社会提出的物质的功能性和思想的精神性的需求，如图1-1和图1-2所示。

图1-1　最简单的盛放容器

二、空间造型的创造历史和发展

人类对生存空间的美好理想和无尽需求，促进人类对空间的无限创造。

（一）从远古的巢居到龙山文化时期的干阑式建筑空间

自旧石器时代开始至今，人居空间的创造就从未停止过，已知我国境内在旧石器时代人类的住所是天然岩洞。后来的巢居在北京、辽宁、贵州、广东、湖北、江西、江苏、浙江等地都有发现，如图1-3所示。古代文献中，曾记载有巢居的传说，如"上古之世，人民少而

图1-2　国家体育场是特定的时代意义的围合体

❶ 量的规定性：具有合适的容量足以满足一定的量的需求；形的规定性：具有合适的形状以适应特定功能的使用要求；质的规定性：所围合的空间具有适当的条件和品质：安全、坚固、便携，还有适合人的物理性条件，如温度、湿度生态性的要求及空间的精神性要求。

图1-3　原始巢居示意图

图1-4　仰韶文化遗址，房间的分割空间清晰且有秩序

禽兽众，人民不胜禽兽虫蛇，有圣人作，构木为巢，以避群害"《韩非子·五蠹》。

人类的发展有如文化的接力，农耕社会时期，人们自觉地走出洞穴，走出丛林，开始人工营造屋室的新阶段；在母系氏族社会晚期的新石器时代，人们开始了"半地穴"方式居住，在仰韶、半坡、姜寨、河姆渡等地的考古发掘中均有半地穴居住遗址的发现，北方仰韶文化遗址后期的建筑已进展到地面建筑了，并已有了分隔成几个房间的房屋，其总体布局有序，颇能反映出母系氏族社会的聚落特色，由此说明人类真正意义上的"建筑"诞生了，如图1-4所示。

在南方较为潮湿的地区，巢居已演进为初期的干阑式建筑，如长江下游河姆渡遗址中就发现了许多干阑式建筑构件，甚至有较为精细的卯、启口等构件。龙山文化的住房遗址还呈现出家庭私有的痕迹，出现了双室相连的套间式半穴居，套间式布局反映了一种以家庭为单位的生活方式。此时期在建筑技术方面，开始广泛地在室内地面上涂抹光洁坚硬的白灰面层，达到使地面具有防潮、清洁和明亮的效果。在山西陶寺村龙山文化遗址中已出现了刻画白灰墙面上的图案，这是我国已知的最古老的居室装饰。历史证明建筑空间特征总是在一定的自然环境和社会条件的影响支配下形成的，如南方气候炎热而潮湿的山区有架空的竹、木建筑，称之为干阑建筑，黄河中上游利用黄土断崖挖出横穴作居室，称之为窑洞。这些建筑空间是在一定历史时期，一定地域条件，一定民族文化背景下所形成的建筑形态，并有自己非常独特的形象特质，如图1-5～图1-9所示。

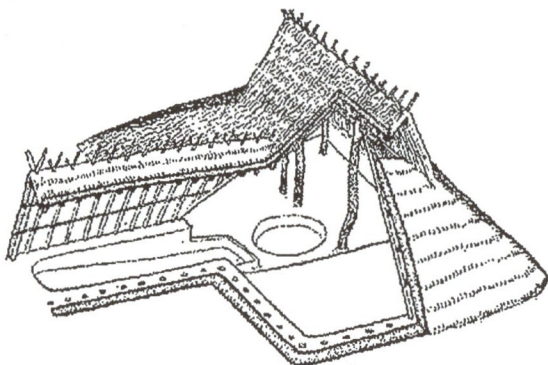

图1-5　山西陶寺村龙山文化房屋复员图

图1-6　干阑

图1-7 龙山文化房屋装饰复员图

图1-8

图1-9 同时期西方建筑与外部空间环境的关系

(二)具有浓厚封建思想意志使然的帝王建筑空间

当秦始皇统一全国后,便在咸阳修筑都城、宫殿、陵墓。历史上著名的阿房宫、骊山陵,遗迹至今犹存。阿房宫遗址和骊山陵墓目前尚未发掘,但其遗址规模之大,在我国历史上是空前的。近年来在秦始皇陵墓东侧发现了大规模的兵马俑队列埋坑,其气势雄伟、严整和巨大是斐然的。到了唐代,随着木建筑科学技术的发展,唐朝的木建筑解决了大面积、大体量的技术问题,鼎盛时期创造了大量如阿房宫等规模的经典建筑,一直延续到大明宫麟德殿,此后的风格特点为气魄宏伟,严整又开朗,如图1-10~图1-12所示。

现存木结构建筑尤其能反映唐代的建筑艺术和建筑结构的统一,斗拱的结构、柱子的形象和梁的加工等都令人感受到构件本身的受力状态与形象之间内在的联系,并达到了力与美的有机统一。其色调简洁明快,屋顶舒展平远,门窗朴实无华,更给人以庄重、大方、

图1-10 阿房宫复原图

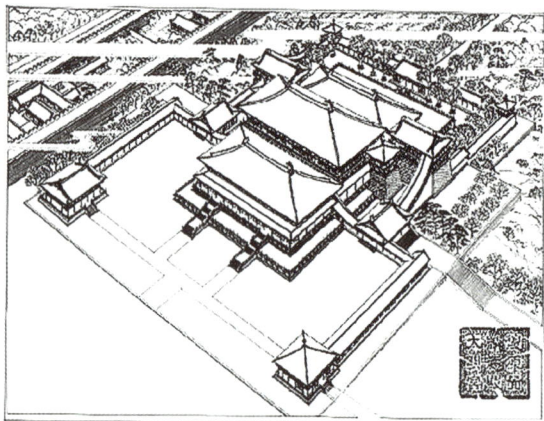

图1-12 大明宫麟德殿复员鸟瞰图

图1-11 秦始皇兵马俑埋坑

气派的感觉，这是在宋、元、明、清建筑空间中才具有的特色。我国封建社会晚期，建筑上进一步发展了木构架和技术，空间环境装修和陈设上也留下了许多由砖石、琉璃和硬木等材料构成的不朽之作。建筑空间类型也得到了进一步分化，留下了大量可供参考的建筑空间实体，例如故宫、圆明园等等，如图1-13 ～图1-16所示。

图1-13 故宫一角

图1-14　故宫一角

图1-15　故宫风貌

图1-16　圆明园复原图

　　国外相近时期，相近社会形态下的建筑空间和建筑造型亦如此，如埃及的金字塔、古希腊的雅典卫城建筑群和古罗马竞技场等，如图1-17～图1-21所示。

　　当然，因地域和文化背景的差异，中西方在一开始的建筑空间和造型的语体和语言方式就是存在较大差异的。

　　在12～18世纪期间，西方在社会、政治经济方面的变革和资产阶级启蒙主义思想影响下，建筑空间造型的改革也受到重要影响，并产生了哥特式、巴洛克和洛克克式等建筑空间设计流派，其室内、室外空间环境的营造均达到了古典主义、新古典主义时期至高点，代表作品有圣彼得大教堂、巴黎圣母院、凡尔赛宫等等，如图1-22～图1-26所示。

图1-17　胡夫金字塔大走廊

图1-18　胡夫金字塔皇后墓室

图1-19　胡夫金字塔皇后墓室

图1-20 罗马竞技场

图1-21 雅典卫城

图1-22 圣彼得大教堂

图1-23 巴黎圣母院

图1-24 巴黎圣母院

图1-25 凡尔赛宫

图1-26 凡尔赛宫

（三）西方工业革命洗礼后形成的现代流派

一批勇于探索的空间设计师，在现代工业科学迅速发展的大背景和条件下，举起了现代空间设计的旗帜，摆脱了以往矫揉造作的风尚，力求室内外空间的整体统一和营造风格鲜明特色。由德国设计师密斯·凡德罗设计的巴塞罗那展览馆德国馆，其内部空间充分体现了他的"少就是多"的著名空间理念：水平伸展的构图、清晰的空间结构体系和精湛的节点处理以及高贵而光滑的材料运用，将自由流动的室内空间置于一个完整的矩形中。其中室内椅子的造型采用扁钢交叉焊接成的X形椅座支架，色彩上配以黑色柔光皮革的坐垫，这也是流传至今的"巴塞罗那椅"。密斯·凡德罗在空间设计中始终坚持减少主义原则，强调设计简洁、明确、结构突出、强化工业科技的特点，开创了现代空间设计的先河，是国际主义风格的主流代表，如图1-27～图1-29所示。

用钢柱、大理石实体、玻璃分割以及白色粉顶表现空间的质感。

室内外空间，由室内感受室外，由室外体会室内，空间在人的感受中流动。这些都是我们早已熟悉的画面，但每次欣赏仍感魅力无穷。

构件的特性，承重与非承重。

美国建筑空间设计师赖特在两次世界大战期间设计的著名作品"流水别墅"在建筑空间

图1-27 巴塞罗那展览馆德国馆

图1-28 巴塞罗那展览馆德国馆

图1-29 巴塞罗那展览馆德国馆

外形形态上仍采用惯用的水平穿插、横竖对比的手法，但形体疏松开放与周围地形、林木和山石流水关系密切，并巧妙地利用自然光使室内空间生机盎然，加上独具匠心的室内家具等陈设布置，使整体室内空间营建出精致完美。赖特与环境相联系的这种动态空间理念为现代主义室内外空间设计谱写了不朽的篇章，如图1-30所示。

图1-30 考夫曼住宅"流水别墅"

20世纪的高科技派风格代表人物是意大利著名建筑设计师伦佐·皮亚诺，他设计的IBM移动帐篷、芝贝欧文化中心、Rue de Meaux住宅、里昂国际、蓬皮杜艺术与文化中心等，不仅在建筑空间中采用了新技术，而且在美学上极力表现新技术，其风格对技术世界充满乐观，充分展现了高技术的机器美和精确美，建构了"高度技术，高度感人"的空间语境，如图1-31～图1-36所示。

"棚屋"从海边险峻的峭壁上升起，被信风吹拂着，它建立了一种和周围的植被绿化特别是高大的诺福克松树的协调。

图1-31 IBM移动帐篷

图1-32 芝贝欧文化中心

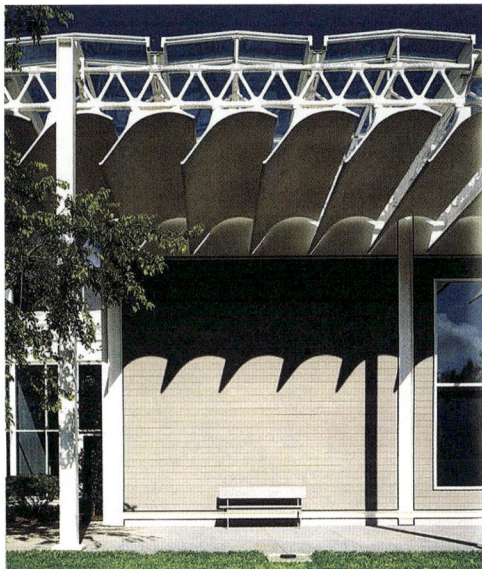

图1-33　Rue de Meaux住宅

图1-34　里昂国际城中的百叶支撑和开启装置

图1-35　蓬皮杜艺术中心

图1-36　里昂国际城

（四）在当代空间理念、当代人生活需求下产生的种种空间造型样式

以美国、日本和德国等为主的当代室内外建筑空间在论述"以人为本"等理念下的种种空间样式，例如美国的特拉华州、纽瓦克市的克里斯蒂安娜保健体系综合楼、巴塞罗那的北站公园、德国的"拆迁者的失败"等，如图1-37～图1-42所示。

医院原则上是不能设计成酒店或家庭那样的风格的，但可以从中借鉴到很多东西，特别是清晰可见的入口式"前门"。因此，位于特拉华州纽瓦克市的克里斯蒂安娜保健体系综合楼，最近邀请BLM公司设计了"前门"，使其入口处更清晰可见。此外还设置了60m的防风雨车辆停靠处，与人流量相适应的"入口"以及舒适的危重患者家属等候区。我们只要看一眼其新颖、别致的4273m²的主入口处（包括雨篷/来宾接待区、问讯处及家属等候区），就不难理解为什么这里的设计深受好评的原因了。

图1-37 特拉华州，纽瓦克市，克里斯蒂安娜保健体系综合楼

图1-38 巴塞罗那大波浪及其后面的北站公园

图1-39 巴塞罗那的北站公园

图1-40 德国的"拆迁者的失败"

图1-41 彩色屋

图1-42 两个土生土长柏林人的450m²世界

大波浪及其后面的北站公园。

釉砖的波动充满热情、天空的颜色和瓷砖色彩层次的变化相呼应。

这个顶层成为战争炮火攻击的牺牲品。新住户重修了窗户。将铸铁的支柱抹上灰泥和涂层，并将屋顶重新翻修。厨房的餐具柜是被摄影商店淘汰掉的柜台。

这个摆设可以称得上是"一个诙谐的混合体"。来自丹麦的老式家具曾是工匠的父亲传下来的木工刨台,室内摆放了一些朋友的绘画作品,1400只塑料装饰花束均来自本世纪60年代。分隔上下两层的过道采用了不同的原料,楼上的设计主要由玻璃薄片来进行空间隔断,那里有工作室、换衣间和卧室,而楼下部分则是自由活动的地方。

地中海风格的起居室依偎在楼梯边。

中国经济正处在蓬勃发展的新时期,正逢世界空间环境艺术设计迈向国际化的进程中,因此,国内在这一时期有了独特的形态创意的"鸟巢"——国家体育馆、"蛋形"国家大剧院和水立方国家游泳馆以及中央电视台办公大楼等创意新颖的各类建筑空间造型,如图1-43 ～图1-49所示。

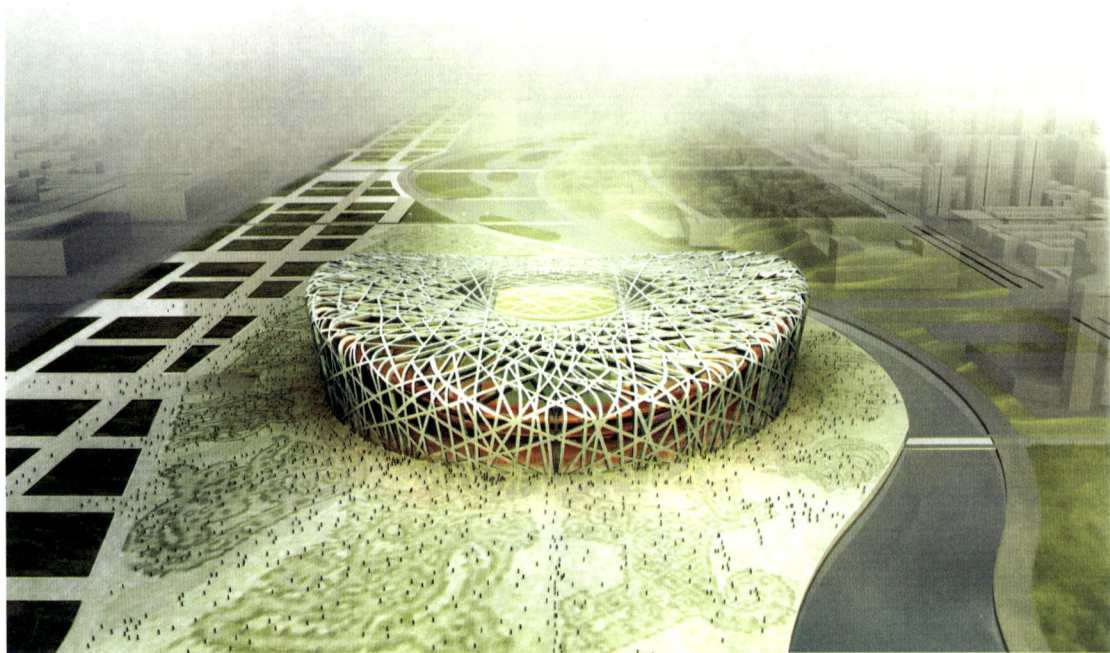

图1-43 "鸟巢"形态的国家体育场

图1-44 "蛋形"形态的国家大剧院

图1-45　国家大剧院歌剧院

图1-46　国家大剧院音乐厅

图1-47　水立方国家游泳馆

图1-48　水立方国家游泳馆室

图1-49　中央电视台大楼模型方案图

　　在国家大剧院外壳状的屋子内容纳了各种功能和技术设施。尽管建筑内部相当复杂，但在结构上仍是井然有序的，让人深深地感受到自然、和谐，人们能或许由此联想到中国神话里长寿和智慧的乌龟，也有人说这个建筑的外壳代表了天穹。

　　通过对以上几个不同历史时期的建筑空间创造面貌的简明介绍和说明，建筑空间艺术设计从来就没有停滞过，空间艺术设计是承接物质文明和精神文明的媒介和载体，并由此造就了一个时代的信念，成为可感知的历史存在和进步的脉络。从而也证明，建筑空间设计是受政治、经济的发展，科技的进步，时间的发展，地域特点以及人们的各种需求和时代精神意志限制的。

三、空间设计的分类与内容

（一）建筑空间设计

　　就建筑的平面空间而言，注重平面空间组合所形成的特定功能关系是其特有的品质。就立面而言，注重立面空间的独特形象和与周围环境所形成的空间内涵是其特有品质，主要表现弗兰克盖里设计的古根汉姆博物馆等案例，如图1-50和图1-51所示。

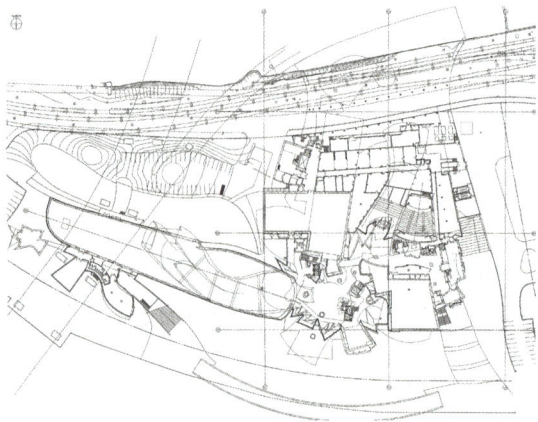

图1-50　毕尔巴鄂之古根汉姆博物馆一层平面图

图1-51　毕尔巴鄂之古根汉姆博物馆水面景观

（二）室内空间设计

根据特定功能的实用性和精神文化等方面的需要对建筑所提供的内部空间调整强化其内涵，从而构建并营造出舒适又具文化内涵的人居室内空间。在具体的设计工作中，充分利用空间尺度、空间组合和空间序列等空间构成因素，及空间创意、空间语境风格、有关空间生态等一系列因素，协调各方面进行设计并营造良好的室内空间。例如赖特所设计的考夫曼住宅——"流水别墅"和德国柏林新国会大厦等，如图1-52和图1-53所示。

德国柏林新国会大厦是环保与革新相结合的设计作品。福斯特穹顶的内在奥秘在于它的胡萝卜状的结构，这个胡萝卜状结构集多项功能于一体，从下面的主体会议室里抽出不流动的干燥空气，从而形成内外气流交换，通过曲光镜折射自然光使直射阳光以发散方式照射到主会议室内的国会议员身上。这种胡萝卜状结构也有益于通过光电电池板将太阳光转化为电能，并把电能存储起来以备供热系统使用，这样就达到了使温室气体排放量削减94％的目标。

图1-52　考夫曼住宅"流水别墅"

图1-53

（三）室外环境的空间设计

室外环境的空间设计是建立在广泛的自然科学、人文与艺术科学基础上的，研究人类在较大尺度范围内的户外空间行为的空间设计。其中包括了景观设计学、城市规划、环境艺术和市政工程设计等领域，例如克洛纳赫2002州园艺展和札幌的艺术森林等，如图1-54和图1-55所示。

图1-54　克洛纳赫2002州园艺展

图1-55　札幌的艺术森林

　　这类空间设计的界定不同，研究的具体内容也就自然不同，空间设计创造是从不同的角度和定位去揭示事物的内涵。这里还要强调空间环境设计和空间环境艺术设计的关系，空间环境设计是指将自然资源合理配置，生存空间的建设是在科学范畴之内的。空间环境艺术设计是研究功能性和相关审美问题的，空间艺术设计包括了空间设计的全部概念。

四、空间设计的特征和设计原则

（一）空间设计的基本特征

　　空间设计的宗旨是为人服务，这决定了它"以人为本"的原则。空间设计是一种艺术和科学相结合的活动，这决定了它具有创造性与现实性，具体说就是要满足当代人物质功能与精神两方面的需求。因此，空间设计具有以下几个方面的基本特征。

　　（1）空间环境设计活动必须受时间和空间的限制，由特定条件所限定，是在具体条件下进行的"这一个设计"。设计师不能超越具体的时空范围去从事设计活动。

　　（2）空间环境设计活动必须以满足特定需求为目的，设计活动的特定需求则是由设计的完美性来实现的。离开了特定需求，设计就丧失了目的性，也就失去了它存在的价值。

　　（3）空间环境设计是一种创造性的精神劳动，具有求异性、发散性、突变性等特征，需要创造性思维，创造性是设计的本质属性。它以新的思维角度、程序和方法来处理多种情况与问题，追求新颖独特、标新立异更是空间环境设计所必需的，设计应该具有与众不同的个性化。

　　（4）空间环境设计是一个思维不断推进的过程，从设计开始到设计完成要持续一定的时段，这个时段既是设计活动的过程，也是一个特定项目的完成周期。

(5) 空间环境设计构成了一种社会文化,是推动社会精神文明和物质文明发展的一种手段,它通过文化对自然与人工、无机和有机相组合。空间环境设计以一定的文化形态为中介,表达一定的文化观念,任何一项设计活动都与特定的文化背景和特定的文化内容有所关联。

(6) 空间环境设计自始至终都以"以人为本"的原则为前提,为人类的美好生活而设计,为满足需求而存在。人类全部活动的目的在于追求生存与发展,向环境索求更高的使用价值,因此空间环境设计的目的在于提高人类生活质量。设计创造更美好的人与自然和社会环境,并通过设计改变人们的生活结构,创造新的生活观念和生活方式。

(二)空间设计的关系特征

空间环境设计是一种艺术与技术的融合,它包含了人文、艺术、经济、文化、生活和技术及科学等各种不同层面的专业知识。空间环境设计的关系特征即艺术与技术的统一,审美与实用的统一,这反映在设计中则是对功能、形式、风格等多方面的整体协调和有机统一。

空间环境设计的另一种关系特征即人与人、人与物、物与物、人与环境、物与环境等的关系问题。设计在艺术层面要充分考虑人与人的关系,在技术层面要考虑物与物的关系,设计是艺术与技术的结合,则必然会涉及人与物的关系问题。这也是空间设计不同于纯艺术和纯技术的表现,如图1-56所示。

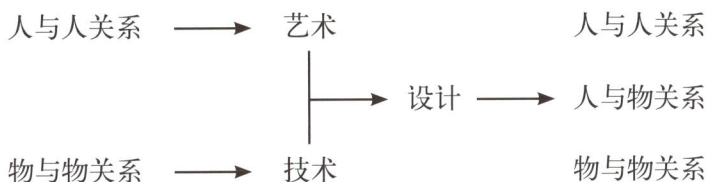

图1-56

(三)空间设计的目标

空间设计不只是服务于个别对象,而是以实现设计功能为目的,它的积极意义在于掌握了时代观念、创造了良好的人际关系环境,它的目标是通过提供安全、舒适和美观的工作与生活环境及生活方式,促进人与人之间融洽自然的交流。

(四)设计的基本原则

1. 功能性

空间环境的功能性体现在物质和精神两个方面,通过创造良好的空间环境,首先应达到实用与便携,例如一个家居,进门一般先是起居室(客厅)再是其他如餐厅、卧室、书房、卫生间等空间,如图1-57所示。

功能是首位的,此外,空间环境设计还注重功能的外在形式。空间的精神是通过空间的外在形式唤起人们的审美感受和心理需求,所以应当注重视

图1-57

觉传达方式。主要指空间的视觉、心理精神感受层面,需具有独特的极具个性化设计。例如安藤忠雄设计的光之教堂,便别出心裁地运用自然光创造出的"教堂之光",这是非常巧妙而且独到的,所营造的特定环境的气氛和空间的精神性均达到了至高境界,如图1-58和图1-59所示。

图1-58   安藤忠雄·光之教堂

图1-59   安藤忠雄·光之教堂

2. 生态和可持续发展性

空间要依实际环境条件的好坏进行相应的设计，要因势利导，特别是不要人为地破坏原有条件的合理性、生态性。例如美国景观设计师西蒙在关于《猎人与哲人》中有关土拨鼠（图1-60）选择洞穴的启示，"靠近谷地，便于取得食物；临近溪流，便于饮水；决不靠近树林，那里有天敌猫头鹰；也不靠近乱石堆，因为那里有另外一种天敌蛇；它们把窝安在南坡上，因为可以享受阳光，躲避冬季寒冽的西北风；这样的选择解决了它

图1-60   土拨鼠

们获取实物，逃避天敌，繁衍后代等生存的问题。"人类亦是如此选择理想的居住地。

我们的目标是建设可持续发展的宜人的居住环境，其中室内空间的阳光照度、空气流通、空气湿度、材料的生态性等都是尤为重要的因素。空间环境设计原则应从生态学的角度来指导总体设计，坚持以人为本、人与自然相协调的生态空间设计原则。

"流水别墅"里巨大的方形起居室从锚固整幢住宅的岩壁上升起，毛石墙与当地砂岩的墙基演绎着相同的自然主题，如图1-61所示。从南立面墙上的玻璃窗可以俯瞰瀑布和出挑的露台。沿着从起居室起步的浅浅的踏步，可以来到下面的游泳池。不拘常规的家具多数都是嵌入式的，其中包括窗下的软垫长椅。独立的胡桃木家具是在公司定做的，由塔里埃森的学徒爱德加负责监督制作。根据戴维·A·汉克斯的说法，"之所以精心选择使用北卡罗来纳州胡桃木和以胡桃木作为镶饰，是因为它不仅有着美丽的自然木纹，而且纹理千变万化，因而整幢住宅都采用了这种胡桃木"，如图1-62所示。

图1-61   考夫曼住宅"流水别墅"

图1-62　万科第五园·大宅不凡的气派客厅

3. 情感性

设计是人具有创造性的活动，在空间设计中主要是运用相关符号和文化元素形式来表示的。空间情感是直觉的、主观的、性格化和心理性的。空间设计情感必须通过视觉化的体验和交流而获得。

现代空间设计强调技术与艺术的融合，如大玻璃幕墙和点式工艺形成的博大、空透、闪亮等现代感受和语境，给予人的感受是一种高技术高情感的统一。在空间设计中对特定情感的追求与表现是取得成功的最高境界，如图1-63所示。

4. 营造性

我们所设计的种种独特的空间形态、样式，需要通过完美的构造来表现，要靠技术、材料和结构等多种方式来共同实现。现代化的新材料、新技术的迅速发展证明，只要想出来就能做出来。

图1-63　日本六本木商业大厦

作业练习

1. 对环境实体与空间的关系体验

（1）走出教室，步行在所在校区，体验校区室外空间环境与空间实体（建筑实体）的空间体量关系。注意空间实体立面和形体群组形态中的造型关系、尺度关系、虚实关系、材质肌理关系以及这些关系中的对比性和互补性。同时体验空间围合体与空间对视觉的吸引力，脚与地面接触的空间感，从而培养时刻感觉空间的观念。

（2）完成写生空间环境速写作业10幅。

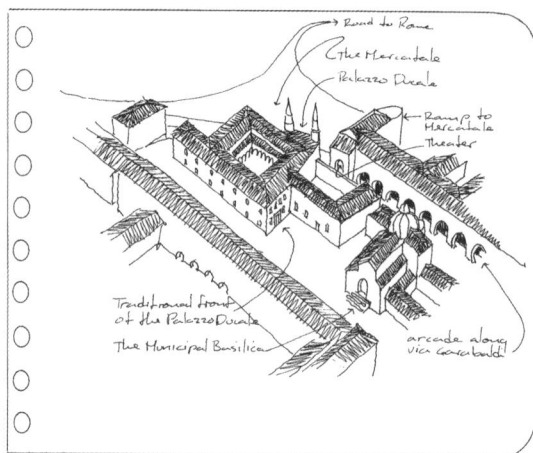

意大利佛罗伦萨　帕齐教堂

中国西安　窑洞式住宅

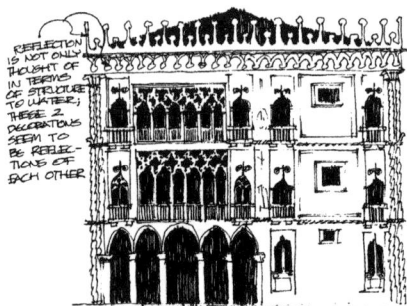

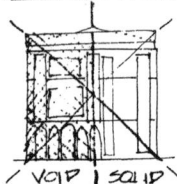

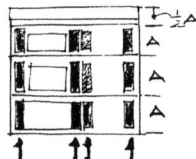

意大利威尼斯　卡德奥罗

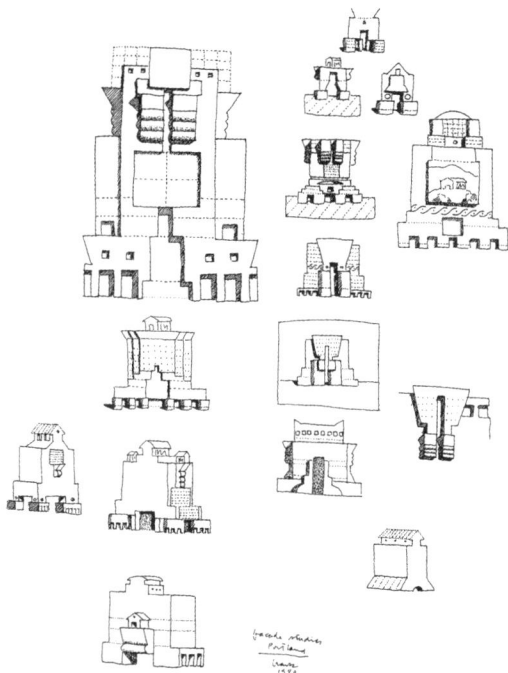

波特兰建筑立面

2. 空间测绘

（1）测绘建筑物的单体形态与空间关系。

对具体建筑物的测绘是理解建筑空间基本知识较有效的训练方法之一，通过测绘可从中理解建筑、环境与人的空间尺度关系，甚至墙体剖面以及洞口关系等。同时理解空间形态在赋予不同尺度后可能产生的各种意义。

（2）测量中小型建筑物（或景观建筑）一件，并绘制标准图纸一套。

第二节　空间的形态生成与组合形式

空间形态的生成是复杂的建筑和装修形式所致，虽容易使人眼花缭乱，但用剖析论证和归纳的研究方法可以概括为以下三方面因素：

（1）由不同空间功能生成的室内外空间形态和组合形式；

（2）由不同精神、观念而产生和形成的空间形态和组合形式；

（3）由不同建筑结构形成的空间形态和组合形式。

一、由不同空间功能生成的室内外空间形态与组合形式

空间形态是由空间、形体、轮廓、虚实、凹凸等各种要素构成的，这些要素和实用功能是紧密联系的。功能作为人们构建空间环境的首要目的，而空间形式、形态是由功能的客观存在而存在的。当然，不能说环境空间形式形态完全是由功能所决定，但环境空间的形式、形态必须适合于功能要求。为掌握方便，归纳以下几种不同功能形成的空间组合形态。

（一）单一功能的空间形态

因使用功能所致空间的形态往往是很特定的，如一间教室确定为平面面积是 $65m^2$，其平面尺寸可以列出 $7m×9m$、$8m×8m$、$6m×11m$、$4m×16m$ 等尺寸，哪一种更适合现代教室的空间形态呢，如何知道教室怎样能保证全班人员视、听、看的效果。此时可以对以上假设的几种长、宽比的不同平面地做出分析，先分析 $7m×9m$ 的平面比例，这种平面接近正方形，达到听的效果没问题，但由于前排两侧座位太偏，看黑板或观看投影的斜角太大，黑板也会有反光，这样安排显然不合理。$8m×8m$ 的平面正方造成的上述现象会更严重，所以也不能采用。$4m×16m$ 的平面较窄长，虽然在视觉的角度上没问题，但座位距离黑板和投影幕太远，对其视、听、看的效果均有影响。通过以上比较，$6m×11m$ 的平面形式和整体空间形态能较好地满足视、

听、看几方面的要求。每一处环境空间在功能的严格限定下，其空间形态总是随着不同功能而有所不同的，如幼儿园活动室与一间教室相比较，其视听要求并不严格，因孩子的活动是灵活多变地，且这些活动要完全置于幼儿教师的目光和看管之内，故空间平面形态接近于正方或圆形是较为合理的。如果是一间大型会议室则要求平面比例空间要略长一些。

如果是体育馆的比赛厅，从功能上分析有视、听的要求，但听在这里要求不是太高，观看的要求是首要的，要保证观众在体育场内每一个角度上都有较好的观看效果，也因此形成了设计时不同观看区域的划分和不同高低台阶状的座位等要求。如果设计一间天象厅或仪表控制室等空间，其空间形式和形态应体现得更加赋有个性、主题鲜明。

以上案例证明，使用功能与空间的形态之间总是存在着一定的直接联系的，如图1-64～图1-66所示。

图1-64 瑞士木业工程学校教室

图1-65 深圳阳光蓓蕾幼儿园空间

图1-66 广州体育馆

（二）利用走道功能形成的多空间形态

　　一般各种使用空间之间并没有直接的连通关系，是借走道来进行连接的。这种组合形式把使用空间和交通连接空间较为明确地分开了，这样既可以保证各使用空间互不干扰的独立性，同时又能有效地把各使用空间连成一体，从而使它们之间保持着必要的功能联系。另外，房间的多少决定了过道的长短，不同功能空间的需求各不相同，如单身宿舍楼、办公楼、学校、医院等空间的功能特点各不相同，但这些空间形态多呈现走道式的空间组合形式。近年来许多新建的大学教学区连体组合楼群，也属这种空间形态，如图1-67～图1-72所示。

图1-67　英国，索尔福德大学世纪大厦

图1-68　英国，朴次茅斯大学科学大厦

图1-69　日本，广岛Motomachi高级中学

图1-70　美国，菲利普斯康复治疗中心

图1-72　韩国空间南原医疗院

图1-71　美国，Midstate医疗中心

（三）利用广厅功能形式连接形成的多空间形态

通过广厅这种专供人流集散和交通连接用的空间也可以把各主要使用空间连接成一体。这种组合形式一般以广厅为中心，通过这个中心既可以把人流分散到各主要使用空间，又可以把各主要使用空间的人流汇集于此。这样，广厅便成为整个环境空间的交通连接中枢。一幢建筑应视其规模大小和功能的要求设置一个或几个这样的交通中枢空间，并分出主次空间。一般情况下主要的中枢即是中央广厅，通常与主要入口结合在一起，起着人流分配的作用；次要中枢即是过厅，起着再次人流分配的作用。

在一般情况下，只设一个中央广厅，可以保证各使用空间不被穿行，这样人们从广厅可以任意进入任何一个使用空间而不致影响其他的使用空间。

由于广厅式空间组合形式具有以上特点，所以它一般适用于人流比较集中，交通联系频繁的公共空间，如飞机场、车站和图书馆等。

一般的中小型展览馆，可以由一个中央广厅直接连接三或四个袋形的展览厅，这种组合的优点是可以使每一个展厅可以不被穿行，观众既可以逐一地进入所有展厅，又可以根据自己的意愿有选择的进入任何一个展厅。例如公共空间车站，它的广厅一般必须连接的是售票厅、行包托运厅和各候车厅等公共活动空间，通过广厅旅客可以直接地进入任意一个公共活动大厅。

以上是从空间流线的角度来举例说明广厅式空间组合形态的特点，同时也说明了功能对于空间组合形式有一定的制约关系，如图1-73～图1-77所示。

图1-73　法国，斯特拉斯堡，欧洲议会大厦大厅内景

图1-74　法国，夏尔·戴高乐机场第一航空港　　图1-75　美国，丹佛国际机场新航站楼　　图1-76　法国，图卢兹，地区政府办公楼中庭

图1-77　美国，加利福尼亚州，贝弗里山市政中心图书馆主阅览区

（四）组套式空间形式

　　利用空间相互穿套的功能形式直接连通的多空间形态，这种空间组合形式通常被称之为组套式。前面所介绍的三种空间组合形式，尽管各有特点，但都是把使用空间和交通连接空间明确地分开。组套式的空间组合形式则是把各种使用空间直接衔接在一起形成整体，这样就不存在专供交通连接用的空间了。在组套式的组合中，为适应不同人流活动的特点，又可分为以下三种不同的组合形式。

1. 串联式的组合形式

各使用空间按照一定顺序相互串通，首尾相连从而连接成为整体（在一般情况下构成一个循环）。这种空间组合形式内的各使用空间直接连通，关系紧密并且具有明确的程序性和连续性，因而这种空间组合形式通常适用于大学教学区和博物馆等空间的功能要求，如山东师范大学新校区教学楼区的空间连通，如图1-78～图1-80所示。

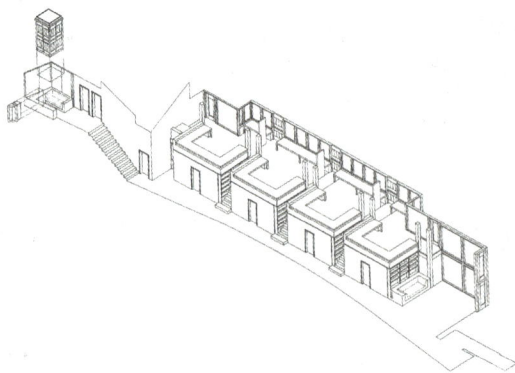

图1-78　英国，剑桥大学达尔文学院研究中心轴测图

图1-79　英国，剑桥大学达尔文学院研究中心

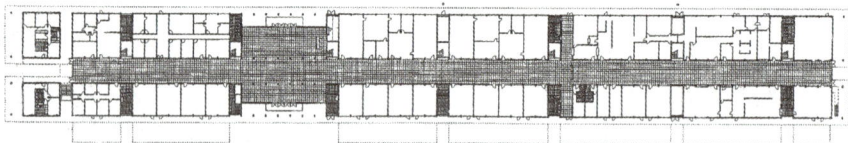

图1-80　法国，裴吉斯，阿尔伯特·加缪国立高等学校

2. 在一个完整的大空间内自由灵活的分隔空间

这种空间形式打破了传统的"组合"概念，它没有将若干个独立的空间通过某种方式或媒介连接在一起形成整体，而是把一个大空间分隔成为若干个部分，这些部分虽然有所

区分，但又互相穿插贯通，彼此之间没有明确、肯定的界线。这种空间形式是近现代时期西方建筑的产物，它的主要特点是打破了古典建筑空间组合的机械性，为创造高度灵活和复杂的空间形式开辟了可能性，如图1-81～图1-83所示。

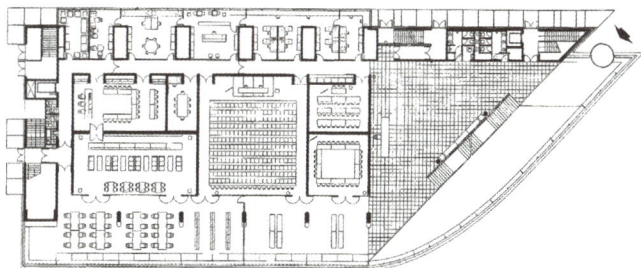

图1-81 英国，剑桥大学法学院三层平面图

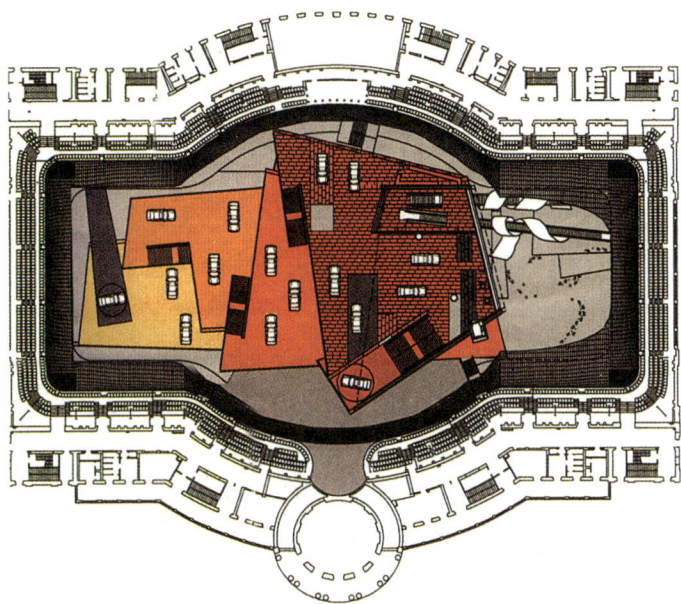

图1-82 "Festhalle的节日"，法兰克福汽车博览会斯图加特展区

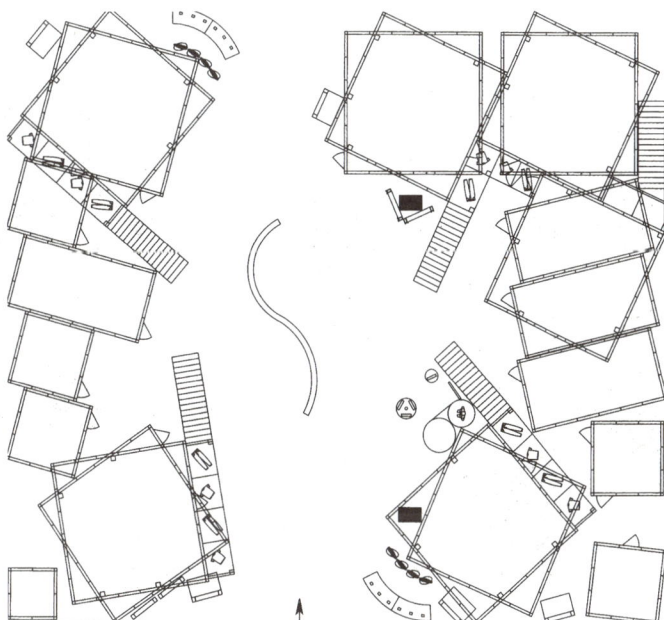

图1-83 "魔力"展览会莱维·斯特劳乌斯公司展区

3. 在一个大空间内沿柱网对空间进行分隔

在设置有柱子的大空间内,沿柱子网格把空间分隔成为若干部分,这也是组套式空间组合的一种表现形式。把交通连接空间和使用空间合而为一,将被分割的空间直接连通、关系紧密,加之柱网的排列整齐,这些条件将有利于交通运输路线的组织。这种空间形式适用于生产性建筑的工艺流程,一般的工业厂房多采用这种空间形式。此外某些商业空间,如大型商场多采用这种形式的空间。

组套式空间组合形式是近现代建筑十分推崇的空间形态形式,如图1-84 ~ 图1-86所示。

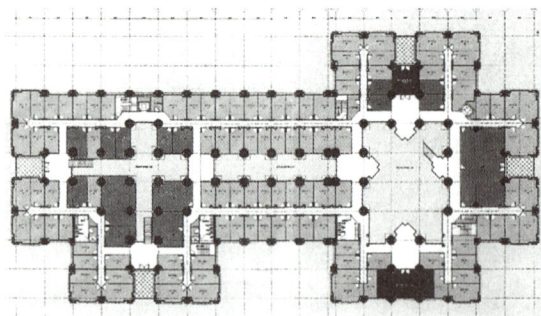

图1-84 (a) 威廉·马什·莱斯大学邓肯大厅一层平面图

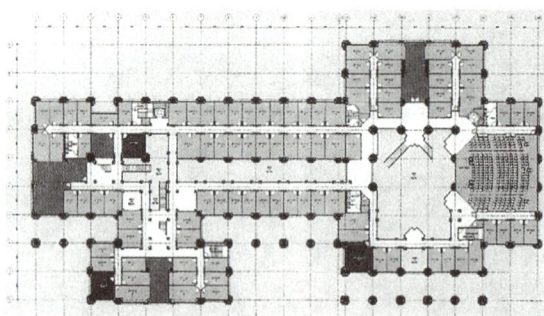

图1-84 (b) 威廉·马什·莱斯大学邓肯大厅二层平面图

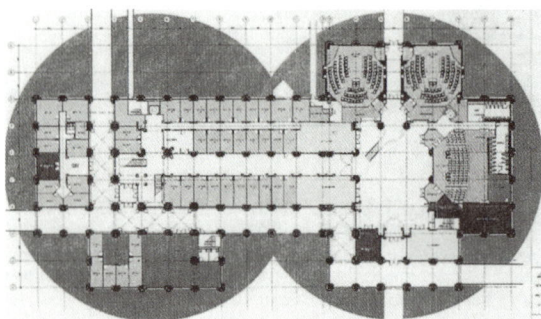

图1-84 (c) 威廉·马什·莱斯大学邓肯大厅三层平面图

图1-84 (e) 威廉·马什·莱斯大学邓肯大厅

图1-84 (d) 威廉·马什·莱斯大学外观

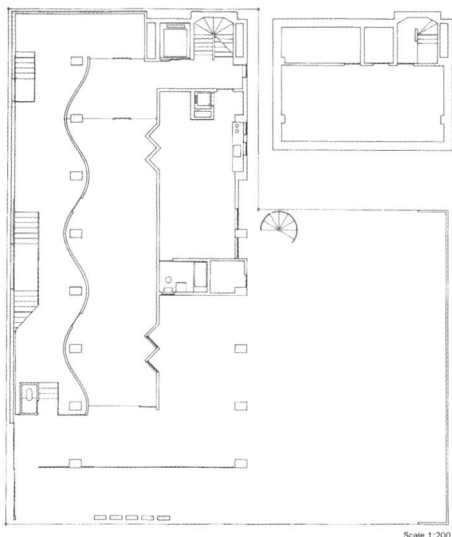

图1-86 按柱网划分大空间

图1-85 按柱网划分大空间

（五）以大空间为中心的功能形式四周环绕小空间的多空间形态

以大体量的主体空间为中心，其他附属或辅助空间环绕在它的四周，这种空间形态的特点是主体空间十分突出，主从关系异常分明。另外，由于辅助空间都直接地依附于主体空间，因而与主体空间的关系极为紧密。基于这些特点，一般电影院、剧院、体育馆都适合采用这种空间组合形式。此外，某些商场、火车站、航空港等空间也多采用这种类型的空间，如图1-87～图1-89所示。

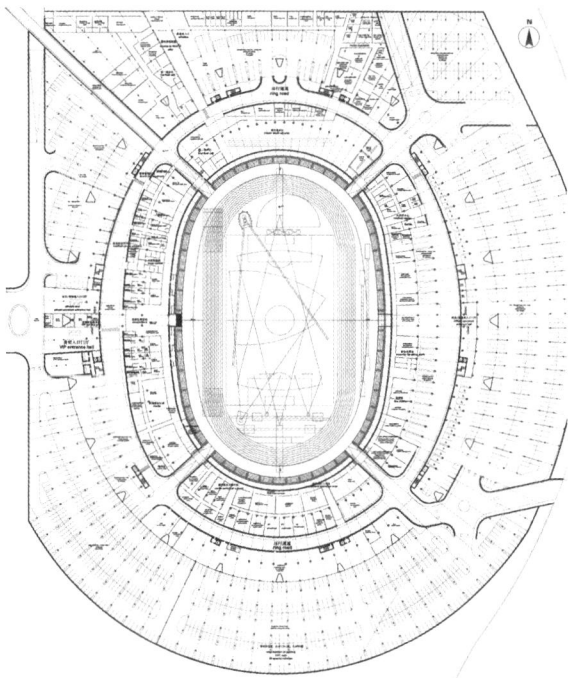

图1-87 国家体育场平面图

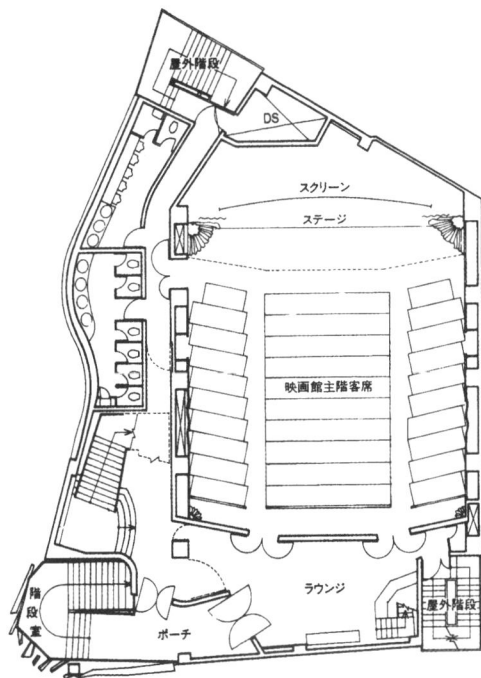

图1-88 日本，北川原温莱兹电影院平面图

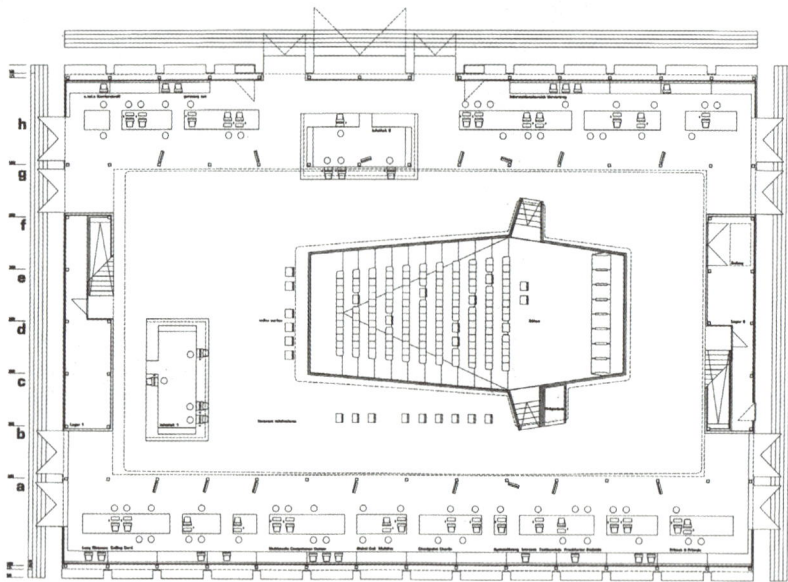

图1-89（a）"彩色的薄纱幽浮"
国际广播展，奥特尔奥通信公司
展区

图1-89（b）"彩色的薄纱幽浮"国际广播展，奥特尔奥
通信公司展区

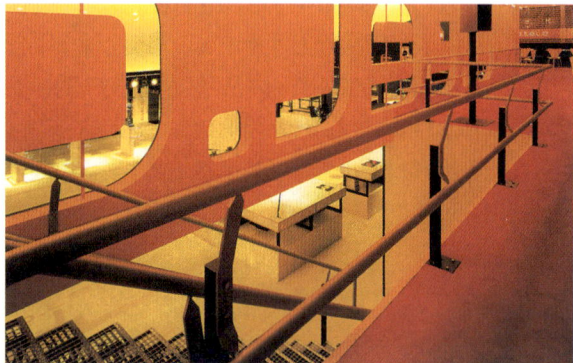

图1-89（c）"彩色的薄纱幽浮"国际广播展，奥特尔奥通信
公司展区2

以上从功能对于空间形式形态的特定性的角度，阐明不同性质的空间形态。由于功能特点不同、人流活动情况不同，必然要求与之相适应的空间组合形式不同，也就是空间组合形式必须适合于空间的功能要求。事实上，由于功能的多样性和复杂性，除少数空间由于功能比较单一而只需要采用一种类型的空间组合形式外，绝大多数空间都必须综合的采用两种、三种或更多种类型的空间组合形式，只不过以某一种类型为主而已。如酒店空间，它的客房部分无疑适合于采用走道式的空间组合形式，但公共活动部分则适合采用组套式或广厅式的空间组合形式。

还有一些空间不仅综合的运用好几种空间组合形式，而且根本分不出哪一种为主，哪一种为辅，如俱乐部就是属于这种类型的空间组合。

在设计的实践中，既要尊重功能对于空间形式的特定性，也要充分地利用它的创意性。无视特定性而随心所欲的创意形式必然会"词不达意"；反之，过分的拘泥于特定性也可能会使空间创意形式缺少变化和艺术性而流于平庸。只有把握高理性和高感情，才能使我们的空间创意和组合既便捷实用又富诗意。

二、由不同时代精神及空间理念形成的空间形态

因人具有高级思维和精神活动的能力，因而人居空间的形态氛围对于人的精神层面的感受及所产生的特定影响是巨大的。

图1-90 西安秦始皇兵马俑埋坑

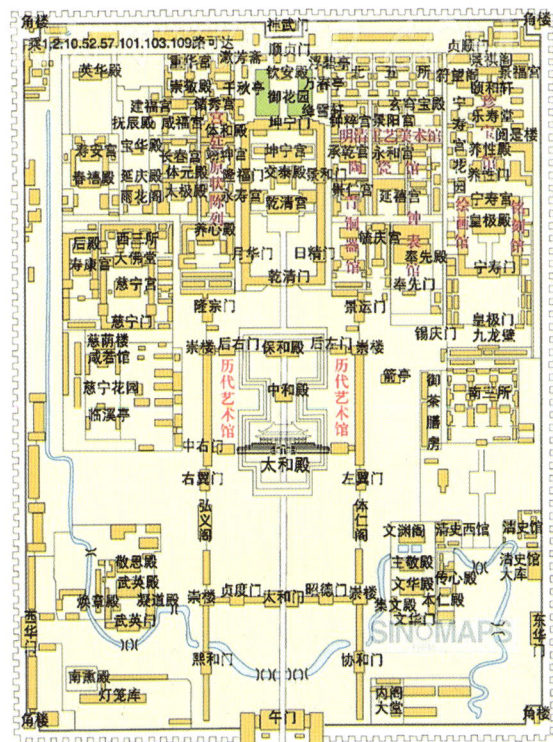

图1-91 故宫平面示意图

历史上，有相当一部分空间是通过一定的空间设计的，构建和强化了空间形态的精神性。从秦代兵马俑埋坑到故宫建筑空间形态，和国外同时期的胡夫金字塔墓室空间，都体现了鲜明的封建帝制思想精神。我国明清故宫也是对称布局严格的空间形式，加了一些相关的文化元素，体现了封建帝制庄严、肃穆的空间气氛。我国现代建筑中，人民大会堂和历史博物馆及人民英雄纪念碑的对称空间布局充分表现了中华人民共和国庄严、雄伟的气魄（见图1-90～图1-96）。

有许多空间形态，其空间形式和形态构成主要是受精神需求影响，如教堂、凯旋门、纪念碑、馆、园的空间设计。

200年前恩格斯在评价古代宗教建筑空间时，曾把高直式教堂空间比作朝霞，把回教建筑空间比作星光闪烁的黄昏，这也从另一方面说明了精神性对空间形态设计所起的巨大的支配作用，如图1-97～图1-99所示。

除了以上空间形态具有强烈的精神性外，一般的人居空间也均受物质的实用功能性和精神性两方面需求所支配，如一些室内外空间形态就表现了开放、亲和和民主的思想精神，如图1-100所示。

图1-92 故宫太和殿

图1-93　故宫乾清宫内景

图1-94　故宫中和殿

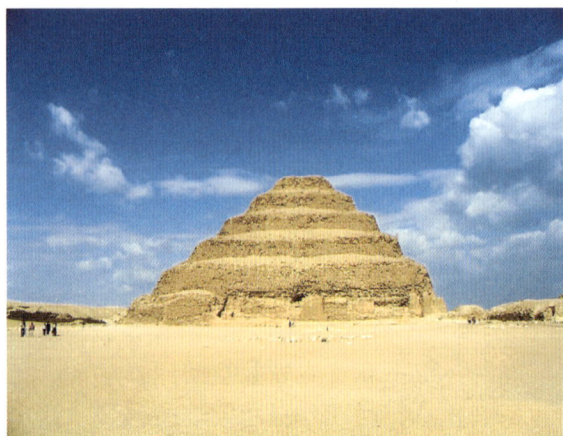

图1-95（a）　古埃及金字塔

图1-95（b）　古埃及金字塔

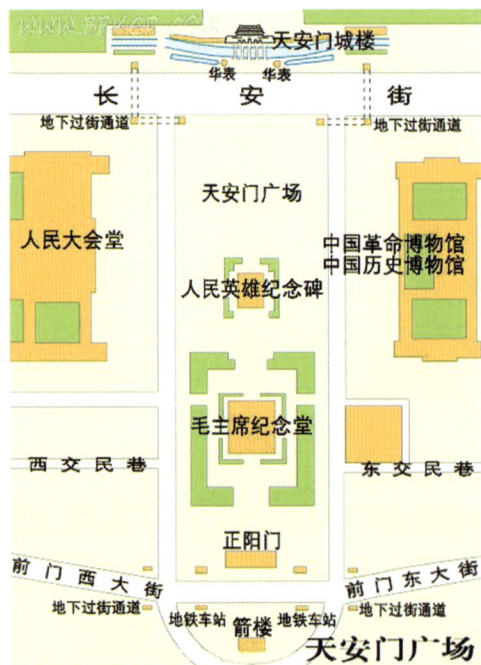

图1-96（a）　天安门广场平面示意图

图1-96（b）　人民英雄纪念碑

图1-96（c）　人民大会堂

图1-96（d）　历史博物馆

图1-97　圣家堂

图1-98　圣纳赛尔大教堂

图1-99　凯旋门

图1-100　借景

三、由不同建筑结构形成的空间形态与组合形式

这里的空间形态，是指人们运用一定的物质材料和工艺手段从自然空间中围合出来的人造空间形态。这里，不同围合体的材料结构形式，所形成的空间形态也各不相同，例如假设采用内隔墙承重的梁板式结构，便会形成蜂房式的功能空间组合形态；采用框架承重的结构方式，便形成了灵活划分的空间形态；采用大跨度结构，可求得较为宽阔的室内空间形态。不同的材料结构形式不仅能适应不同的功能要求，而且也有其各自独特的形态特征和特有品质。例如西方古典空间采用的砖石结构，一般都没有敦实厚重的品质；中国传统建筑所采用

的木构架，易于获得空灵和通透的空间效果；古罗马的拱券、穹窿结构表现出一种宏伟、博大和庄严的气势。宗教建筑空间中高直的尖拱拱肋和飞扶壁结构体系，则营造了一种高耸、空灵和令人神往的神秘气氛。现代高科技中的钢结构造型结合大面积的点式玻璃工艺，使空间显得高雅宏伟、晶莹剔透。

这里举几个实例详细解析不同建筑结构材料对空间形态的形成作用。

1. 以墙和柱为主承重的梁板结构式空间形态

这是一种古老而但不断发展的结构体系，说它古老是因为早在公元前两千多年前古代埃及就广泛采用了这种结构体系，说它不断发展是直到今天人们还是利用它的原理来建造空间，只不过在古老的时代用石块、土泥等材料，到了现代多采用预制钢筋混凝土构件材料和相关工艺了（见图1-101）。这种结构体系的最大特点是墙体本身既要起到围隔空间的作用，同时还要承担屋面的荷重，把围护结构和承重结构这两项重要任务合并在一起，但这种结构体系生成的空间形态不灵活，也不能获得较大的室内空间，因此一般仅适用于功能要求比较确定，房间组合比较简单的住宅空间上。

图1-101 胡夫金字塔大走廊

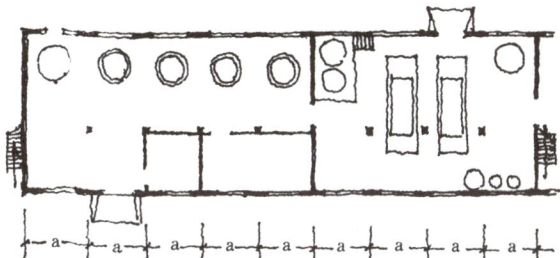

图1-102 某工业建筑车间

图1-103 1967年在蒙特利尔举办的世界博览会上展出的建筑住宅

图1-102所示工业建筑车间，为满足设备安装和生产工艺的要求，需要有较大的室内空间，因此采用墙柱承重的结构方法。

图1-103所示建筑住宅，高12层，共158户，由354个盒体组成，每个盒体为5.3m×11.7m×3m，重70～90t，用特制的100t移动式起重机吊装。该建筑组合得十分巧妙，无论从内部空间形态或外部体形上看，都能充分地表现出盒体结构的特点。

2. 框架结构式空间形态

框架结构也是一种历久常新的结构形式，它的历史一直可以追溯到原始社会时期人们用树干、树枝和兽皮等材料搭成类似于后期的北美洲印第安式帐篷。随着历史的进程由这种原始形式的框架结构逐渐发展为以立柱、横梁、屋顶结构到斜撑结构的互相连接整体，这种结构形态还可以分成若干个开间，门窗开口灵活。由于梁架承担着屋顶的全部荷重，而墙体仅起维护空间的作用，因而有"墙倒屋不塌"之称号。钢和钢筋混凝土框架结构问世之后，框架结构体系对于建筑的发展起了很大的推动作用。法国著名建筑师勒·科布西耶早在21世纪初就已经预见到这种结构的出现可能会给建筑空间发展带来巨大而深刻的影响。

他所提出的新建筑五点建议：立柱、底层透空；平顶、屋顶花园；骨架结构使内部布局灵活；骨架结构使外形设计自由；水平的带形窗。深刻地揭示出近现代框架结构给予所开拓建筑创作的、新的可能性。经过半个多世纪以来建筑发展的实践活动，事实充分证明了他的预见是正确的。

由于框架结构的工艺体系荷重的传递完全集中在立柱上，这就为内部空间的自由灵活分隔创造了十分有利的条件。打破了传统六面体空间观念的束缚，并以各种方法对空间进行灵活的分隔，不仅适应了复杂多变的近代功能要求，同时还极大地丰富了空间的形态变化，例如所谓"流动空间"正是对于传统空间观念的一种突破，如图1-104～图1-110所示。

图1-104（a） 萨伏伊别墅外观

图1-104（b） 萨伏伊别墅平台

图1-105 颐和园

图1-107 西班牙，马德里UNDE图书馆外观

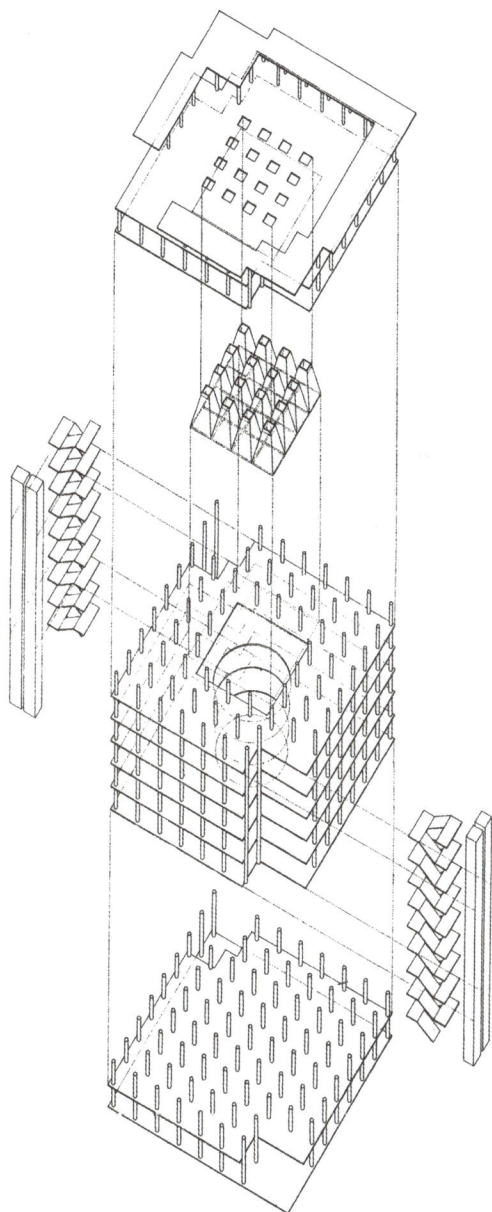

图1-106 西班牙，马德里UNED图书馆的分解轴测图

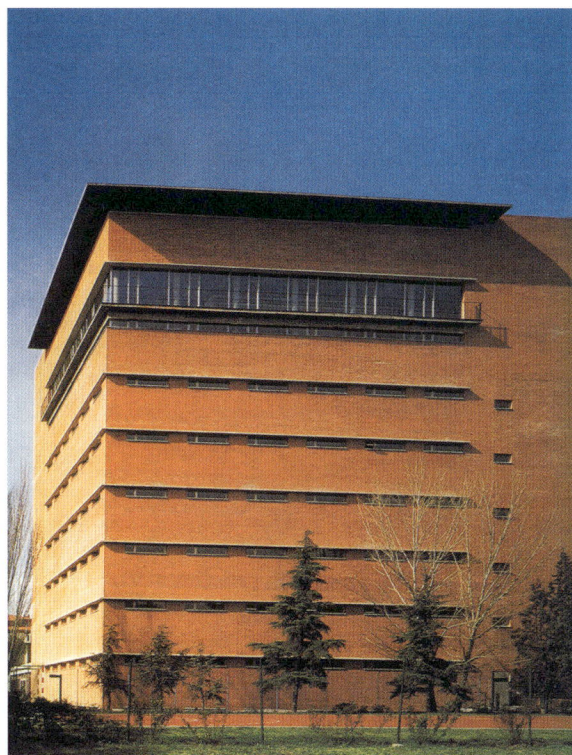

图1-108 西班牙，马德里UNED图书馆内部结构

图1-109　FIRE ISLAND

图1-110　美国，北卡罗来纳州　国家银行组织中心

3. 大跨度结构体系形成的空间形态

大跨度结构的发展可以追溯到一千多年前，与古代的拱形结构的演变和发展有着紧密联系。拱形结构在承受荷重后除产生重力外还会产生横向推力，为保持稳定这种结构还必须要有坚实、宽厚的支座。从拱形结构到穹窿结构，形成了古老的大跨度结构形式。到了罗马时期，半球形的穹窿结构已被广泛运用于多种类型的空间建筑上，最著名的要算潘泰翁神庙了，神殿直径为43.3m，其上部覆盖的是一个由混凝土所做的穹窿结构。

随着铸铁和钢制品制造的发展，到了第二次世界大战后逐渐发展起来一种新型大跨度结构，悬索结构。特点是跨度大、自重轻、平面形式多样，除可覆盖矩形平面外还可覆盖圆形、椭圆、正方形、菱形乃至其他不规则形状的，范围广的平面空间，由此形成的内部空间形态宽大、宏伟又富于动感。

近年流行的网架结构，还分为单层平面网架、单层曲面网架、双层平板网架和双层穹窿网架等更多形式。仅用几厘米厚的空间薄壁结构，便可覆盖超百米的巨大空间，可以使几千人乃至几万人在室内活动，从而开辟了各种大空间形态的可能，如图1-111～图1-115所示。

其他建筑结构体系还有悬挑结构、帐篷结构和充气结构等，均对独特的空间形态地形成有着重大的意义。

综上所述，虽然各种分类结构形成的形态尽显风流，但必须依附于两个基本点，一是它本身必须符合力学的科学性，二是它必须适合特定功能并以某种特定的形式实现空间覆盖，即必须符合力学科学、物质功能要求和形式美感法则这三者的有机统一。

图1-111

图1-112 阿拉伯联合酋长国，阿布扎比机场

图1-113 英法海底隧道购物中心

图1-114 坦桑尼亚，达累斯萨拉姆机场

图1-115 美国，科罗拉多州丹佛国际机场新航站楼

作业练习

1. 空间设计从"做"开始

用一个16cm×16cm×16cm的立方形空间，划分为4cm×4cm×4cm网格，用卡纸做至少32个立方体（4cm×4cm×4cm，如儿童积木）。通过加进或者取出一些立方体，研究在模型内搭成不同空间的实体效果。从中选出"最佳"的组合方式,用胶水将小立方体和模型底板固定在一起。

作业目的：

感觉、理解空间和实体的相互关系以及图底转换在三维空间中的运用。（立方形是空间中的"图形",同时又是形成"底"的空间的元素）直接感受空间是做出来的不是画出来的（"做"的动作包括插入、抽取、叠加、挖空等方法手段和元素之间的整合、黏合。）

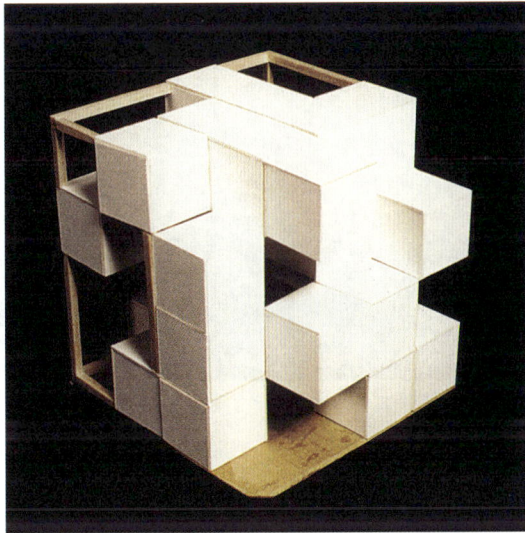

工具材料：

白色卡纸、模型用木条、做底板用的瓦楞纸、刀具和胶水等。

2. 空间形态生成

在200mm见方的正方体中自由分割空间，使正方体空间有丰富的变化和层次。

目的是通过空间不同构成形式生成不同空间的形态。

作业数量：

5 ~ 10件（不同组合形式）

工具材料：

瓦楞纸板、木条、切具和胶水等。

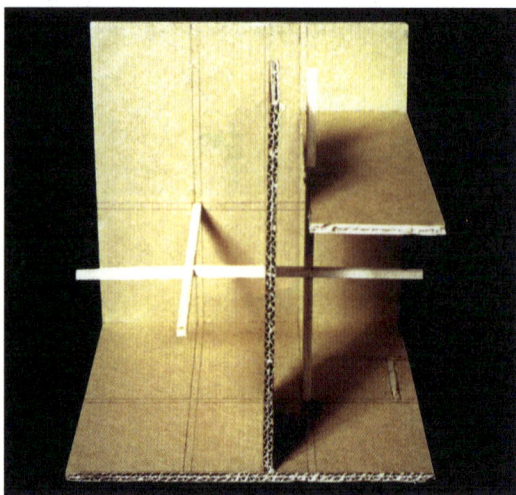

作业A

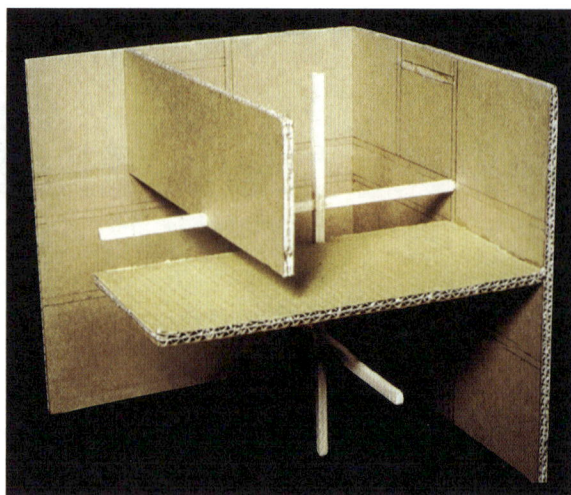

作业B

作业C

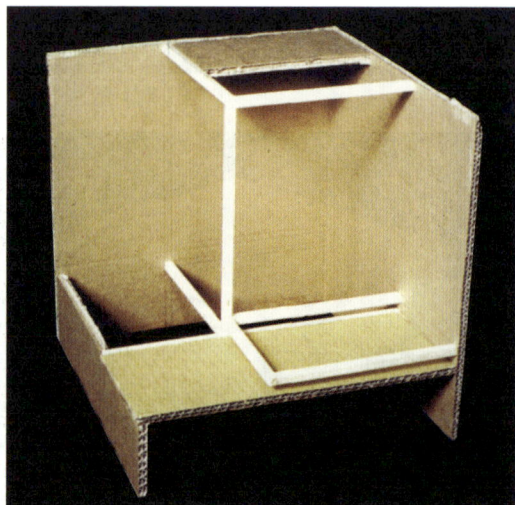

作业D

第三节 空间类型与空间组合

一、不同功能形成的空间类型与空间组合

空间功能和空间设计的多维性、综合性决定了空间类型的复杂性和丰富性。下面我们从不同功能形成的空间类型和不同空间形态形成的空间类型分析，便于从整体上对空间类型概念的把握和空间组合方法的阐述。

（一）单一空间功能形成的空间类型与组合

单一功能的空间因其物质功能和精神功能的需求，空间组合是丰富的，并且不会因功能的单一而简单。当然其空间组合的层次和丰富性随特定空间功能和空间的量度需求而变化。如一间教室，虽然只是围绕容纳一个班（50人左右）的教学活动来展开的，但空间分割要含有教师讲授区、学生座位区、适当的交通走道区以及如投影、多媒体教学等空间。但如果是拥有1000席位的影院，空间组合的结构和层次要比一间教室复杂得多。其空间量度也增加较多，要比容纳50人的教室大20倍。如果是容纳数千人甚至万人的体育场，空间结构层次、空间形态组合又比影院要更丰富，其中平面空间量度和立体空间量度要比一间教室大几百倍，如图1-116 ～图119所示。

空间是由实体的界面围合而成的，不论是室内空间还是室外，尽管室外空间的围合体通常不像室内那样具有六面实体，但也是通过地面的平面实体造型、立面的柱、墙、植栽或水体等不同界面实体围合分割组合的。

一般的室内空间多由天花、地面、墙面组成，所有的分隔、组合均和这三个要素有着密切联系。

天花和地面是形成空间的两个水平面，天花是顶界面，地面是底界面。天花作为空间的顶界面，能鲜明的反映出空间的组合关系，有时单纯依靠墙或柱分割界定空间会较模糊，但通过一定的天花造型处理则可以很明确地把空间组合主次层次及空间秩序表现出来。

图1-116 瑞士木业工程学校教室

图1-117

图1-118

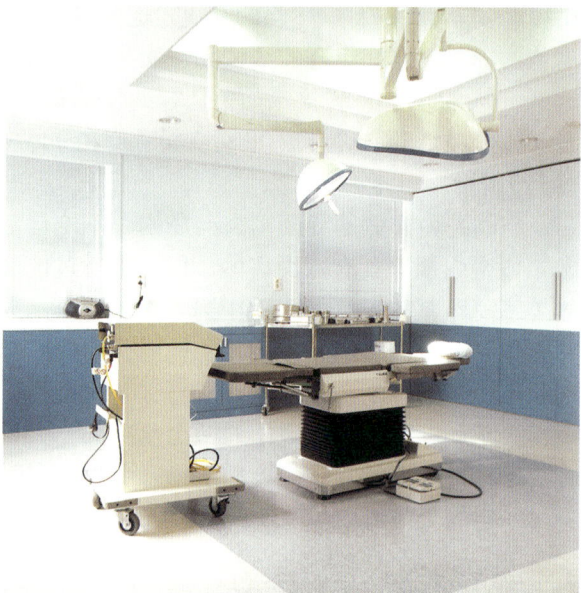

图1-119　韩国BY整形外科医院手术室

　　另外通过天花的高低变化能创造出空间环境的巨大魅力和气氛。

　　在条件具备的情况下还可以利用天花固有的梁板结构、管道网管作为分隔空间的因素，显现的结构美感别具一番特色。例如阿布扎比机场登机大厅的天花造型采用了光和有特殊意义的梭形组合，把人一下子带进了一个科幻、美丽的空间如图1-120～图1-125所示。

　　长隆世界餐厅天花，悬浮的具有张力的圆弧面天花造型给餐厅带来了独特的情调。

　　地面作为空间的底界面是以水平面的形式出现的。地面在空间分割和组合中不像天花界面那么丰富，但对空间形态的构成却有着很大的意义。地面材质的方面在硬质材料上，多采用不同色彩的石材、各种陶砖、马赛克和鹅卵石等，软质材料一般采用纤维、水体、种植，还有木地板、地板漆和地平漆等各种材料。这些材料一旦和具体的形、色完美结合起来铺装分隔空间，形成的空间品质非凡。

图1-120 长隆世界客房走廊天花，具有民族文化元素的天花造型把客房走廊空间界定开

图1-121 长隆世界休闲大厅天花，光感强、装饰很美的大厅天花，把休闲厅的气氛营造得很惬意

图1-122 长隆世界餐厅天花

图1-123 上海淳大万丽酒店大堂天花

图1-124 阿拉伯联合酋长国，阿布扎比机场登机大厅

图1-125 法国，夏尔戴高乐机场2E航站楼候机区

为适应不同的实用功能或精神要求，将地面设计成不同标高，利用地面高差变化营造的空间效果别具一格，如图1-126～图1-129所示。

图1-126　中式茶楼青藤阁

图1-127　独特的地面图形使大堂空间极具个性化

图1-128　美国，得州福和市水苑一景，地面下沉空间的造型变化丰富、别具趣味

图1-129　日本，矶崎新水户艺术馆，地面的高低变化和天花的造型变化交相辉映

墙面是空间围合体的主要因素之一。在空间组合中，墙是空间形态构成中的重要因素，它作为空间的侧界面，一般是以垂直面的形式出现的。墙的尺度大至一个建筑群体的外形，小至室内的门窗和线脚，其内容、样式很丰富，各式各样的墙面表现形态是根据物质功能和精神功能的需求形成的，形式千姿百态，风情万种。

在采用墙面进行空间分隔组合时，利用各种因素去处理墙体的虚实对比，处理与个性化的创意造型是决定墙面处理的成败关键。还有，墙面处理中艺术地把握空间的尺度感对实用功能、对人生理、心理及精神的作用也是成败的关键，如图1-130～图1-134所示。

印度新德里AGNI FIRE 餐厅可容纳60位客人，一面白色石膏浮雕墙和活动玻璃屏将餐厅与大堂分隔，如图1-135所示。

在酒吧AGNI里深色胡桃木饰面与热情的灯光效果形成对比，不规则的青铜架后，一面橙色灯光墙照亮了这个空间，如图1-136所示。

图1-130　万科·第五园

图1-131　万科·第五园

图1-132　万科·第五园

图1-133　万科·第五园

图1-134　美国，华盛顿，哥伦比亚特区世界银行总部大楼

图1-135　印度新德里AGNI FIRE 餐厅　　　　图1-136　印度新德里AGNI FIRE 在酒吧

（二）多功能空间形成的多空间类型与组合

前一节主要阐述了单一空间功能的空间组合处理问题，然而在很多情况下是对两个、三个以至更多功能空间进行分隔组合，这种多功能空间的组合是一件非常复杂、系统的工作，在此特归纳成六个方面。

1. 空间的对比与变化

两个毗邻的空间，如果在某一个方面呈现出差异，借这种差异性的对比作用，将可以反衬出各自的特点，从而使人们从这一空间进入另一空间时产生情绪上的突变和快感。空间的差异性和对比作用通常表现在三个方面：

（1）高大与低矮对比。

如相毗邻的两个空间，若体量相差悬殊，当由小空间而进入大空间时，可借体量对比使人的精神为之一振。我国古典园林所采用的"欲扬先抑"的手法，实际上就是借大小空间的强烈对比作用而获得小中见大的效果。古今中外各种空间类型中许多都是借大小空间的对比作用来突出主体空间的。其中最常见的形式是在通往主体大空间的前部，有意识地安排一个极小或极低的空间，通过这种空间时，人们的视野被极度地压缩，一旦走进高大的主体空间，视野突然开阔，从而引起心理上的突变和情绪上的激动和振奋，如图1-137所示。古根哈姆美术馆，他的展出部分呈螺旋形状的空间十分低矮，而由它所环绕着的中央部分空间却十分高大，这样即可利用展出部分低矮的空间与之对比而取得良好的视觉效果，如图1-139所示。

（2）开敞与封闭对比。

在室内空间组合上，封闭的空间就是指不开窗或少开窗的空间，开敞的空间就是指多开窗或开大窗的空间。前一种空间一般较暗淡，与外界隔绝，后一种空间较明朗，与外界的关系较密切。很明显，当人们从前一种空间走进后一种空间时，必然会因为强烈的对比作用而感到顿时豁然开朗（见图1-140～图1-143）。

图1-137　万科·第五园。侧边空间的低矮处理和光照的明度降低，鲜明地衬托出中厅空间的高大和宽敞

图1-138　法国，夏尔·戴高乐机场2E航站楼

图1-139　古根哈姆美术馆

图1-140　新西兰，奥克兰妇女保护协会教育中心

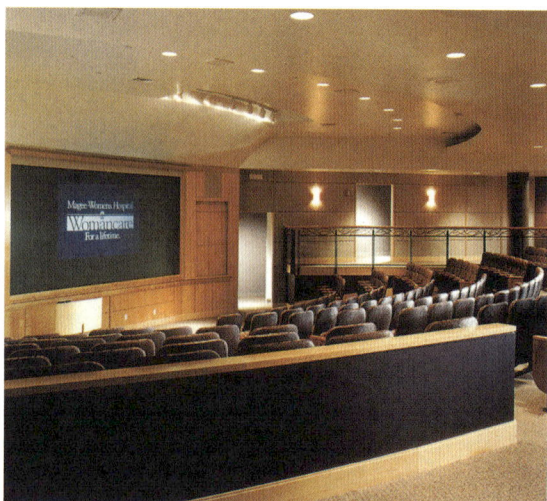

图1-141　新西兰，奥克兰妇女保护协会教育中心礼堂

图1-142　新西兰，奥克兰妇女保护协会教育中心礼堂

图1-143　维利奇市文化中心音乐舞蹈学校

（3）不同形状空间的对比。

不同形状的空间之间所形成的对比作用可以达到产生变化和破除单调的目的。然而，空间的形状往往与功能有密切的联系，为此，必须利用功能的特点并在功能允许的条件下，适当地变换空间的形状，从而借两者间的对比作用以求得变化，如图1-144和图1-145所示。

2. 空间的重复与再现

在有机统一的空间整体组合中，对比固然可以打破单调而求得变化，但作为它的对立面重复与再现则可借协调而求得统一。这一规律在音乐中，通常都是借某个旋律的一再重复而形成为主题，这不仅不会感到单调，反而有助于整个乐曲的统一和谐。

空间组合也是这样，只有把对比与重复这两种手法结合在一起使之相辅相成，才能获得好的效果。例如对称的布局形式，凡对称都必然包含着对比和重复这两方面的因素。我国古代建筑家常把对称的格局称之为"排偶"。偶者，就是成双成对的意思，也就是两两重复地出现。在西方古典建筑中某些对称形式的建筑平面，明显地表现出这样的特点，沿中轴线纵向排列的空间力图使之变换形状或体量，借对比以求得变化，而沿中轴线两侧横向排列的空间，则相对应地重复出

图1-144 巴黎至美国中心

现。这样，从全局来看既有对比和变化，又有重复和再现，从而把两种互相对立的因素统一在一个整体之内，如图 1-146 所示。

同一种形式的空间，如果连续多次或有规律地重复出现，便形成一种韵律和节奏。高直教堂中央部分的通廊就是由于不断重复地采用同一种形式，由尖拱拱肋结构屋顶所覆盖的长方形平面的空间，而获得极其优美的韵律感，并蕴含着一定的意义。现代很多公共建筑、工业建筑里常常出现一种有意识地选择同一种形式的空间作为基本单元，并以它作各种形式的排列组合，借大量的重复某种形式的空间以取得效果，如图 1-147 ～ 图 1-152 所示。

重复地运用同一种空间形式，并非是以此形成一个统一的大空间，而应与其他形式的空间互相交替、穿插组合成为整体（如用廊子连接成整体）。人们只有在行进的连续过程中，通过回忆才能感受到由于某一形式空间的重复出现，或重复与变化的交替出现而产生一种节奏感，这种现象可以称之为空间的再现。简单地讲，空间的再现就是指相同的空间，分散于各处或被分隔开来，人们不能一眼就看出它的重复性，而是通过不断的视点逐一地展现，进而感受到它的重复性，如图 1-153 ～ 图 1-156 所示。

图1-145 巴黎至美国中心

图1-146 荷兰国际办公大楼，这两个不同形状的形体组合，幽默而风趣

图1-147　法国亚眠大教堂

图1-148　长隆世界

图1-149　辛辛那提大学工程研究中心　入口处楼梯厅二层

图1-150 英法海底隧道法方终点站及"欧洲之城"

图1-151 爱尔兰，科克理工学院图书馆

图1-152 马来西亚，吉隆坡国际机场

图1-153 美国，佐治亚州，卡罗尔·科布·特纳分部
图书馆

图1-154 瑞士，卢加诺，吉奥塔多银行

图1-155　广州科学中心

　　在我国传统的建筑中，其空间组合基本上就是借助有限类型的空间形式作为基本单元，一再重复地使用从而获得统一变化的效果。它的构成组合形式可以按对称的形式来组合成为整体，又可以按不对称的形式来组合成为整体。前一种组合形式较严整，一般多用于宫殿、寺院空间建筑；后一种组合形式较活泼而富有变化，多用于住宅和园林空间建筑。创造性地继承这些合理的表现手法，极具现实意义，如图1-157所示。

图1-156　广州体育馆

图1-157　颐和园万寿山

3. 空间的衔接与过渡

　　两个大空间如果以简单化的方法使之直接连通，常常会使人感到单薄或突然，甚至生硬，倘若在两个大空间之间插进一个过渡性的空间（如过厅），它就能够像音乐中的休止符或语言文字中的标点符号一样，通过艺术化处理使之段落分明并具有抑扬顿挫的节奏感。

　　过渡性空间本身没有具体的功能要求，一般情况下它应当尽可能地小一些、低一些、暗一些，使得人们从一个空间走到另一个大空间时经历了由大到小、再由小到大，由高到低、再由低到高，由亮到暗、再由暗到亮等这样一些过程，从而在人们的记忆中留下丰富深刻的印象。过渡性空间的设置不可生硬，多采用界面交融渗透的限定方式进行组合，如室内空间组合时，在多数情况下利用辅助性房间或楼梯、厕所或室内种植、水体景观等把它们巧妙地插进去，这样不仅节省面积，而且又可以通过它进入某些不同功能的房间，从而保证大厅的完整性。

　　过渡性空间的分隔和设置必须看具体情况，并不是说凡是在两个大空间之间都必须插进一个过渡性空间组合，如不贴切反而使人感到烦琐和累赘。

　　此外，室内外空间之间也存在着一个衔接与过渡处理的问题。我们知道内部空间总是和自然界的外部空间保持着互相连通的关系，当人们从外界进入到建筑物的内部空间时，为了不致产生过分突然的感觉，也有必要在内、外空间之间插进一个过渡性的空间、如门廊、风雨篷等，从而通过它把人很自然的由室外引入室内。试设想如果不是通过门廊等过渡空间，而是由外部空间直接走进室内大厅，那么人们将会感到何等的突然。

　　现代某些高层建筑中，往往采取底层透空的处理手法，也可以起到内、外空间的过渡作用。这种情况犹如把敞开的底层空间当作门廊来使用，把门廊置于建筑物的底层外露。人们经过底层空间再进入上部室内空间，也会起空间的过渡作用，如图1-158 ～图1-162所示。

图1-158　雨轩茶艺馆充满画意的过厅

图1-159　琶洲·会展

图1-160 上海金茂君悦大酒店大堂

图1-161 广州东方宾馆

图1-162 托雷多大学视觉艺术中心

4.空间的渗透与层次

两个相邻的空间如果在分隔的时候，不是采用实体的墙面把两者完全隔绝，而是有意识地使之互相连通，可使两个空间彼此渗透，从而增强空间的层次感。

中国古典园林建筑和现代建筑空间中都有的"借景"的处理手法也是一种空间的渗透。"借"就是把彼处的景物引到此处来，这实质上无非是使人的视线能够越出有限的屏障，由这一空间而及于另一空间或更远的地方，从而获得层次丰富的景观。"庭院深深深几许？"形容的正是空间组合中所独具的这种景观。

在这个基础上逐步地发展起来的现代空间理念，更是把空间的渗透和层次变化当作一种目标来追求。不仅利用灵活隔断来使室内空间互相渗透，而且还通过大面积的玻璃幕墙使室内外空间互相渗透。有的甚至透过一层又一层的玻璃隔断不仅可自室内看到庭院中的景物，而且还可以看到另一室内空间乃至更远的自然空间的景色。在空间的组织和处理方面愈来愈灵活、多样而富有变化，如图1-163～图1-166所示。

图1-163

图1-164

图1-165 曾园邀月亭

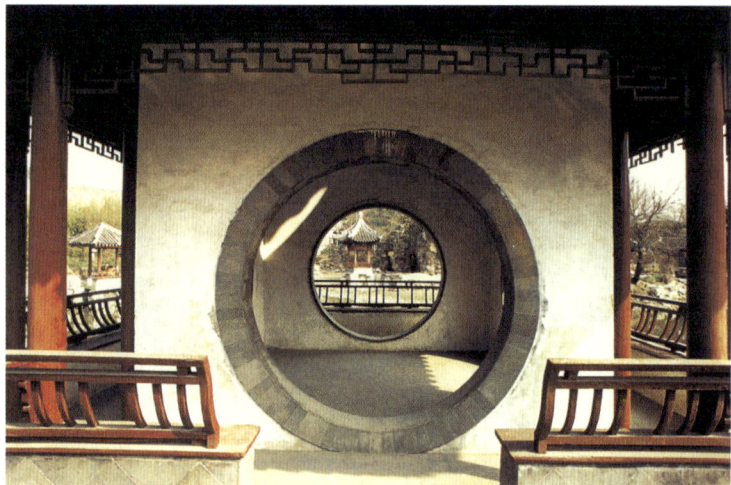

图1-166　水绘园月洞门

5. 空间的引导与暗示

由于功能、地形或其他条件的限制，可能会使某些比较重要的公共活动空间所处的地位不够明显、突出，以致不易被人们发现。另外，在设计过程中，也可能有意识地把某些"趣味中心"置于比较隐蔽的地方，而避免开门见山，一览无余。不论是属于哪一种情况，都需要采取措施对人流加以引导或暗示，从而使人们可以循着一定的途径而达到预定的目标。但是这种引导和暗示不同于路标，而是属于空间处理的范畴，处理得要自然、巧妙、含蓄，能够使人于不经意之中沿着一定的方向或路线从一个空间依次地走向另一个空间。

空间的引导与暗示，作为一种处理手法是依具体条件的不同，而千变万化的，但归纳起来不外有以下四种途径。

（1）以弯曲的墙面把人流引向某个确定的方向，并暗示另一空间的存在。这种处理手法是以人的心理特点和人流自然地趋向为依据的。通常所说的"流线型"，就是指某种曲线或曲面的形式，它的特点是阻力小、并富有运动感。面对着一条弯曲的墙面，自然地产生一种期待感，希望沿着弯曲的方向而有所发现，不自觉地顺着弯曲的方向进行探索，于是便被引导至某个确定的目标，如图1-167～图1-170所示。

图1-167　香港，数码港百老汇
Cyberport Broadway

图1-168 美国，密西西比，Choctaw Golden Moon Casino & Resort Hotel，Mississippi 休闲廊、餐厅、瞭望台

图1-169 日本，青龙门 新宿店

图1-170 日本，太平乐

（2）利用特殊形式的楼梯或特意设置的踏步，暗示出上一层空间的存在楼梯、踏步通常都具有一种引人向上的诱惑力。某些特殊形式的楼梯，如宽大、开敞的直跑楼梯和自动扶梯等，其诱惑力更大。基于这一特点，凡是希望把人流由低处空间引导至高处空间，都可以借助于楼梯或踏步的设置而达到目标，如图1-171～图1-174所示。

图1-171　Cinemax Denmark 剧院

图1-172　　MTM水疗会所

图1-173　西班牙，巴塞罗那Pronavias

图1-174　上海花园饭店侧厅楼梯

　　（3）利用天花、地面处理，暗示出前进的方向。通过天花或地面处理，而形成一种具有强烈方向性或连续性的图案，会左右人前进的方向。有意识地利用这种处理手法，将有助于把人流引导至某个确定的目标，如图1-175和图1-176所示。

　　（4）利用空间的灵活分隔，暗示出另外一些空间的存在，只要不使人有"山穷水尽"的感觉，人们便会抱有某种期望，而在此驱使下将会作出进一步地探求。利用这种心理状态，有意识地使处于这一空间的人预感到另一空间的存在，则可以把人由此一空间而引导至彼一空间，如图1-177和图1-178所示。

图1-175　广州东方宾馆

图1-176　广州碧桂园凤凰城酒店

图1-177

图1-178　EMR通信技术中心走廊

　　上述四种形式它们既可以单独使用，又可以互相配合起来共同组合，工作中还是要根据具体空间环境和具体条件采用多种多样的形式。

6. 空间的序列组织与节奏

　　在前面就空间的对比与变化、重复与再现、衔接与过渡、渗透与层次和引导与暗示等组合手法作了阐述。这些问题虽然本身都具有相对的独立性，但每一个问题所涉及的范围仍然是有限的，它们有的仅涉及两个相邻空间的关系处理，有的虽然涉及的范围要大一些，但也不外乎只是几个空间的关系处理。就整个空间组合来讲，依然还是属于局部性的问题，从性质上讲也仅仅是就某一方面的单因素处理，在实际具体工作中，有必要摆脱局部性处理的局限，探索一种统摄全局的空间处理手法，空间的序列组织与节奏。不言而喻，它不应当和前几种手法并列，而应当更高一筹或者说是属于统筹、协调并支配前几种手法的手法。

与绘画不同，空间作为三度空间的实体，人们不能一眼就看到它的全部，而只有在运动中，也就是在连续行进的过程中从一个空间走到另一个空间，才能逐一地看到它的各个部分，从而形成整体印象。由于运动是一个连续的过程，因而逐一展现出来的空间变化也将保持着连续的关系。从这里可以看出人们在观赏空间的时候，不仅涉及空间变化的因素，同时还要涉及时间变化的因素。组织空间序列的任务就是要把空间的排列和时间的先后这两种因素有机地统一起来。只有这样，才能使人在运动的情况下获得良好的观赏效果。特别是当沿着一定的路线看完全过程后，能够使人感到既协调一致、又丰富变化、且向音乐的旋律一样具有节奏感。

所以组织空间序列，首先应掌握好主要人流路线逐一展开的一连串空间，能够像一曲动人的交响乐那样，既婉转悠扬，又具有鲜明的节奏感。其次，还要兼顾到其他人流路线的空间序列组织，后者虽然居从属地位，但若处理得巧妙，将可起烘托主要空间序列的作用，这两者的关系也如多声部乐曲中的主旋律与和声伴奏，既能协调一致、又可相得益彰。

沿主要人流路线逐一展开的空间序列必须有起有伏，有抑有扬，有主有次、有平和、有高潮。这里特别需要强调的是高潮，一个有组织、有节奏的空间序列，如果没有一定的高潮必然显得松散而无中心，这样的空间序列将不足以引起人们情绪上的共鸣。高潮的形成一般是把体量大、各种因素对比强的主体空间安排在突出的地位上。其次，还要运用空间对比的手法，以较小或较低的次要空间来烘托它、陪衬它，使它能够得到充分地突出，才能成为控制全局的高潮。

与高潮相对立的是空间的收束。在一条完整的空间序列中，既要放、也要收。只收不放势必会使人感到压抑、沉闷，但只放而不收也可能使人感到松散或空旷。收和放是相辅相成的，没有适当的收束即使把主体空间搞得再大，也不足以形成高潮。例如沿主要人流必经的空间序列，应当是一个完整的连续过程。从进入建筑物开始，经过一系列主要、次要空间，最终离开建筑物。进入建筑物是序列的开始空间时段，为了有一个好的开始，必须妥善地处理内、外空间过渡的关系。只有这样，才能把人流由室外引导至室内，并使之既不感到突然，又不感到平淡无奇。出口是序列的终结段，也不应当草率地对待，否则就会使人感到虎头蛇尾，有始无终。

除一头一尾外，内部空间之间也应当有良好的衔接关系，在适当的地方还可以插进一些过渡性的小空间，一方面可以起空间收束的作用，同时也可以借它来加强序列的抑扬顿挫的节奏感，在人流转折的地方尤其需要认真地对待。空间序列中的转折，犹如人体中的关节。在这里，应当运用空间引导与暗示的手法提醒人们，现在是转弯的时候了，并明确地向人们指示出继续前进的方向，只有这样，才能使弯子转得自然。空间变化自然才能保持序列的连贯性而不致中断。如果是跨越楼层的空间序列，为了保持其连续性，还必须选择适宜的踏步。宽大、开敞的楼梯踏步不仅可以发挥空间引导作用，而且宽大的楼梯踏步，还可以使上、下层空间互相连通的大度、从容。

　　在一条连续变化的空间组合序列中，某一种形式的空间重复或再现，不仅可以形成一定的韵律感，而且对于陪衬主要空间和突出重点、高潮也是十分有利的。如重复和再现而产生的韵律通常都具有明显的连续性，处在这样的空间中，人们常常会产生一种期待感。根据这个道理，如果在高潮之前，适当地以重复的形式来组织空间，它就可以为高潮的到来做好准备，由此，人们常把它称之为高潮前的准备段。在西方高直教堂中，其空间序列组织，就是以这种方法而给人心理上的巨大震感。

　　从上述分析可以看出，空间序列组织实际上就是综合地运用对比、重复、过渡、衔接和引导等一系列空间组织处理手法，把个别的、独立的空间组织成为一个有秩序、有变化、统一完整的空间集群。这种空间集群可以分为两种类型，一类呈对称、规整的形式；另一类呈不对称、不规则的形式。前一种形式能给人以庄严、肃穆和率直的感受；后一种形式则比较轻松、活泼和富有情趣。不同的空间类型，可按其特定功能性质特点和性格特征而分别选择不同类型的空间组织序列形式，如图1-179～图1-193所示。

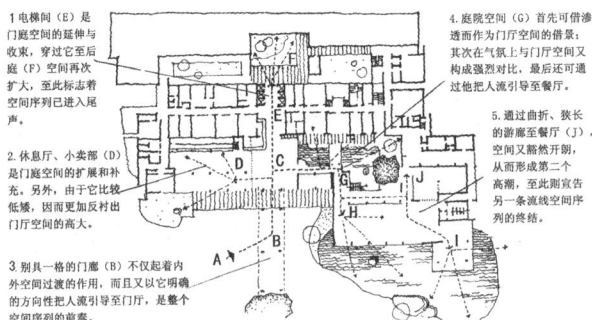

图1-179　广州白云宾馆的序列组织

开场式的门廊（B）把人流引向门厅，它起着内外空间过渡的作用，同时又是整个空间序列的开始

图1-180　广州白云宾馆的序列组织

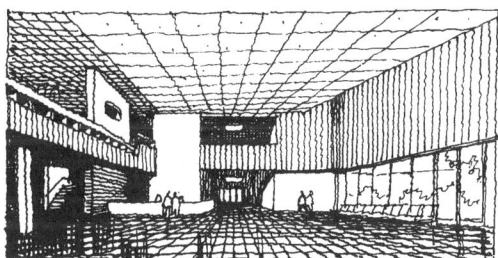

高大华丽的门厅（C）不仅在功能上起着交通枢组的作用，同时也是空间序列中的第一个高潮，其他空间都是以它为中心展开的

图1-181　广州白云宾馆的序列组织

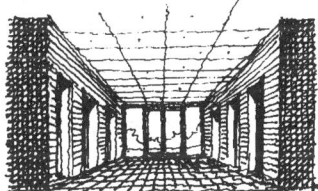

电梯间（E）是门厅空间的延伸和收束

图1-182　广州白云宾馆的序列组织

低矮的休息厅（D）是门厅空间的扩展、补充和陪衬

图1-183　广州白云宾馆的序列组织

庭院空间（G）可以把人流引导至各个餐厅

图1-184　广州白云宾馆的序列组织

图1-185

图1-186

图1-187

图1-188

图1-189

图1-190

图1-191

图1-192 雷德里克·R·魏斯曼博物馆

图1-193 德国，新国会大厦西立面

二、不同的空间形态形成的空间类型与空间组合

不论何种室内外空间构成与组合均是由不同形态的界面围合而成。围合构成的形式、空间形态的差异形成了空间类型的不同。

界面围合实际上是由不同的空间分隔形式完成的，空间分隔的形式一般分为三种，即绝对分隔形式、相对分隔形式、意向分隔形式。

由不同分隔形式和其他手段完成的空间形态有以下几种类型。

（一）封闭式静态类型空间组合

封闭静态类型空间一般具有以下特征：

（1）以限定性强的界面体围合；

（2）内向的私密性尽端；

（3）领域感很强的对称向心形式；

（4）空间界面及构件的尺度比例协调统一。

前两种情形都具有绝对分隔的特征，还有更多形式和手段足以表现静态类型的空间特征。

图1-194 美国，洛杉矶沃特·迪斯尼音乐厅

图1-195 达里尔·杰克逊 西澳洲室内运动中心

图1-196 罗伊斯大礼堂

绝对分隔：以限定度高的实体界面分隔空间。分隔出的空间界限非常明确，且具全面抗干扰的能力，（抗视线、声音、温湿度等甚至穿透性的物质）。其采取形式以到天花顶面的承重墙或轻体隔墙、活动隔断物等构成。

相对分隔：以限定度低的局部界面体分隔空间。分隔出的空间界线不太明确，且具有一定的流动性，其形式一般以不到顶的隔墙、屏风甚至植栽等构成。

意向分隔：这是一种限定度很低的分隔方式。其空间划分隔而不断，通透空灵，流动性强。其采取绿化、色彩、材质、光线、高差、音响、气味，甚至是悬垂物等形式，通过人的"视觉完形性"和其他方式来联想感知，具意象性的心理效应。

这里空间的封闭性是相对的，空间的拓展性是绝对的，如一间封闭性强的夜总会KTV包间，尽管其六面体的界面均以绝对分隔形式构成，但还要极力利用室内的界面造型，如灯光、家具、装饰物的图案等营造空间空透、视觉流动的感觉，如图1-194～图1-197所示。

（二）开放式形成的动态类型空间组合

开放动态类型空间一般具有以下特征：

（1）界面围合不完整，某一侧面具有开间或半启的形态；

（2）限定度弱，具有与自然和周围环境交流渗透的特点；

（3）利用自然、物理和人为等诸种要素，营造空间与时间结合的"四度空间"；界面形体尺度比例对比大，环境装饰物线形动感强烈（见图1-198～图1-201）。

图1-197　北京新世纪钱柜KTV

图1-198　法国，夏尔·戴高乐机场第一航空港候车厅

图1-199　法国，夏尔·戴高乐机场第一航空港中心

图1-200　美国景观

图1-201　澳大利亚体育学院正面看台上

（三）虚拟形态形成的流动类型空间组合

流动虚拟类型空间一般具有以下特征：

（1）不以界面围合作为限定要素，依靠形体的启示、视觉的联想来划定空间；

（2）以象征性的分隔，营造视野的通透交通无阻隔，保持最大限度交融与连续的空间；

（3）具方向引导性、流动感强的空间线形形态（见图1-202～图1-204）。

图1-202　澳大利亚体育学院正面看台下

图1-203　瑞典斯德哥尔摩Restaurant Hotellet

图1-204　泰国曼谷JW Marriot Hotel

　　这里空间类型的不同，空间组合的定位方式和具体内容也就不同，空间组合总是依据不同类型的空间采用不同的方法和手段实现空间类型的特定内涵。

　　本节对不同功能、不同空间形态、不同类型的空间组合作了广泛的讨论，其具体运用还要根据具体条件和空间创意创造性地掌握。

作业练习

1. 从平面设计到立体空间组合

研究绘画大师蒙德里安的抽象画并由此设计一个三维网格，再根据网格空间结构做成 20cm×20cm×20cm 的盒子。

目的：

研究一个平面网格怎样转换成三维空间网格关系的，弄清网格如何在各个方向上，包括内部和外部形成的和谐整体。同时体会从平面设计到立体设计的过程。

步骤：

（1）设计一个二维网格，然后发展成一个三维的网格草图。

（2）用卡纸做一个 20cm×20cm×20cm 的草稿模型。

（3）研究蒙德里安的抽象画，并由此设计一个三维的网格。

（4）根据蒙德里安的网格做第二只盒子。

（5）比较两个盒子的异同，记录你的体会。

要求：

（1）研究如何将一个方形平面网格转换成三维空间网格，以及网格如何在各个方向上，包括内部和外部形成和谐的整体。

（2）模型的元件节点和纸板的厚度在设计中要综合考虑。

（3）研究瓦楞纸的结构和质感，并将其引入设计构思。

（4）一般来说，第二个盒子比第一个盒子更生动，更多样，更有个性。注意到第二个盒子具有的艺术美。

（5）我们要注意并理解设计的质量始于设计过程的最初阶段，即网格的设计。

工具材料：

瓦楞纸板、木条、切具和胶水等。

2. 空间营造与组合

遵循从概念到形式、三维空间到二维平面，从模型设计到图纸设计的认知过程，培养学生空间的想像能力和复杂空间营造能力。空间是设计的起点，设计从空间开始。

增强空间想像力，进一步培养立体空间设计的思维方法。扩展空间基本概念，掌握多个空间（水平、垂直）的对位、对比关系及空间变化流通的有机组合，从而把握空间造型技巧与审美原则。掌握以徒手铅笔线条来快速表达设计意图和成果的能力。

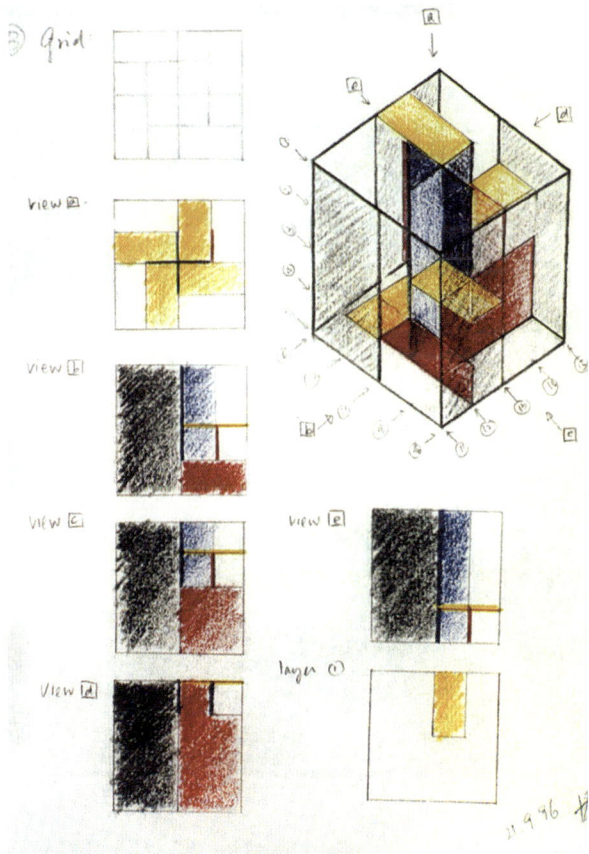

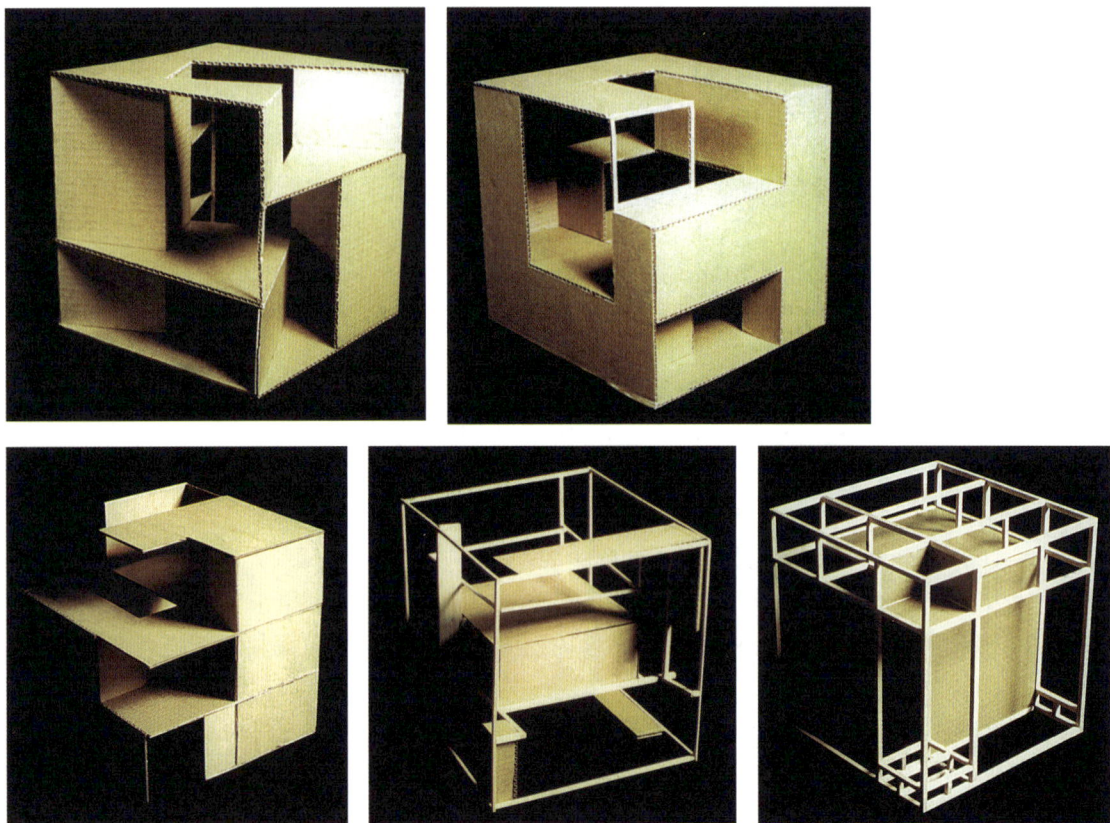

要求：

（1）在限定于 16cm×16cm×9cm 的体块中创造建筑空间，建立网格、模数概念。

（2）将体块分为 4cm×4cm×3cm 的立体网格，创造水平与垂直空间的组合关系，并加入一定功能。

步骤：

（1）概念空间的组织和营造。

（2）以空间概念寻找其适合的使用功能。

（3）模型制作与图纸表达。

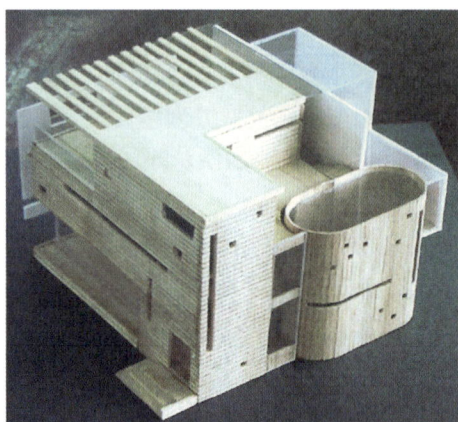

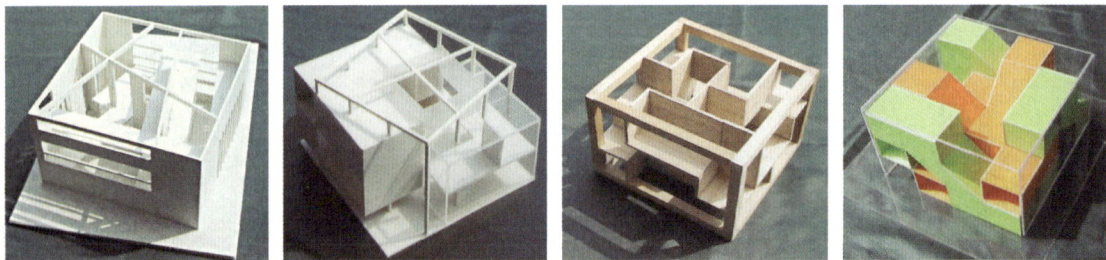

第四节　空间构成的形式及形式美规律

　　建筑环境空间实质上是一种人造空间。众所周知这种空间环境一方面要满足一定的实用功能，另一方面还要满足人们一定精神感受的需求。其中，不仅要赋予它以实用的精神性属性，而且还要赋予它以美的属性和品质。要创造美的空间，就必须遵循形式的法则和形式美的规律。

　　这里仅就形式、形式的属性、形式的变化和形式美规律进行讨论和阐释，但由于篇幅的限制只作一般性的讨论阐述，文中所列举的形式和规律不是问题的全部，所以只有对这里讲的每个规律做到举一反三灵活运用，才能够达到理想并获得满意的效果。

一、形式、形式的属性

　　形式是一个综合性的词语，具有多种含义。在艺术和设计中，我们常用这个词来表示一件作品的外形结构，即排列和协调某一整体中的各要素或各组成部分的手法，其目的在于形成一个条理分明的形象。在这里主要指空间组织的方式和表现手段，其含义是空间结构、空间形态其外部轮廓以及整体结合在一起的原则。

　　形状、空间、尺度、色彩、质感、位置、等空间要素是形式的相关属性也是形式构成的要素。

1. 形状

　　形状是由外轮廓界定的区域，具有一定体积和厚度。它往往是某一特定形式独特的造型或表面轮廓。形状是我们识别形式、给形式分类的主要依据。

　　在实际空间中不同的空间功能，均有着不同的空间形状。如图1-205所示，弧圆形体在有意味形式的排列构成中，呈现出其优美的形状，从而营造了独特的室外环境景观。如图1-206所示，以不同的"方"形形状做"形调"，处理空间各界面形的关系，鲜明且丰富，和图1-207空间中的圆形天花形成了有趣味的对比。

图1-206　形状　EMR通信与技术中心

图1-205　形状

图1-207 形状 EMR通信与技术中心2

　　形状的概念指明了一个界面的典型轮廓线或一个体的表面"边界"。若形式与这一形式存在的领域之间存在一条轮廓线，便把一个形体从其背景中分离出来。因此，我们对于形状的感知取决于形式与背景之间视觉对比的程度。如图1-208和图1-209所示。表明了实体与背景的形状关系，同时也表现出建筑体量的轮廓线从地面升起通向天空的方式。

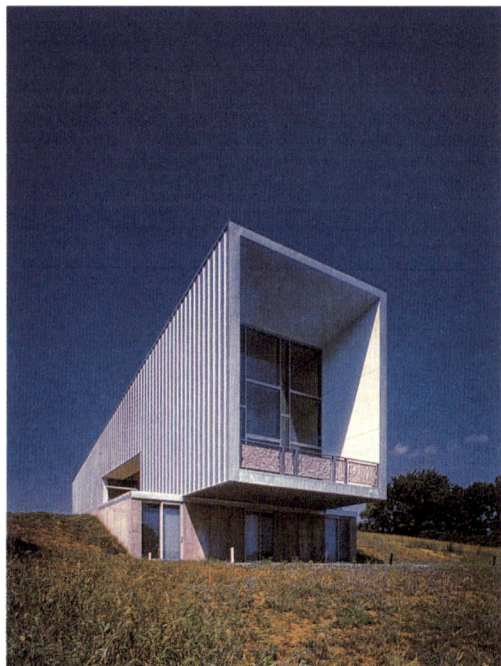

图1-208 形状 ANOTHER 100 OF THE WORLD'S BEST HOUSES　　图1-209 形状 新凯旋门

2. 空间

空间是空间限定的构件围合而成或分割而成，因此形成了不同空间功能的"容器"。现代空间设计比较关注空间的实体（围合体）和"虚"空间的构成方式和语言特征。空间和空间围合体各界面的构成是空间问题的两个不可分割的方面。用纯粹抽象的形去思维，摆脱具象化的思维"纠缠"。用几何形态和结构的观念，以素描方式并有意识的忽略材质作用，说明围合体与空间"容器"的构成关系和方法，如图1-210～图1-212所示。

3. 尺度

我们知道比例是关于形式或空间中的各种尺寸之间秩序化的数学关系，而尺度在这里是指我们如何观察和判断一个物体与其他物体相比而言的大小概念。因此，在空间设计中，处理尺度问题时我们总是把一个空间或相关构件与另一个空间或相关构件相比较，作为判断空间尺度的标准，如图1-213所示。

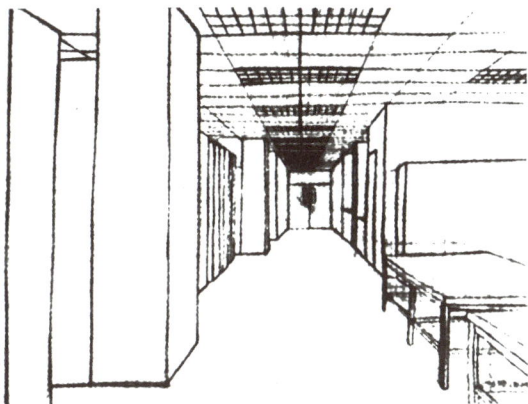

图1-210

图1-211

图1-212　这个空间围合体及各界面生成的各种空间关系是有深度感和多方面意义的

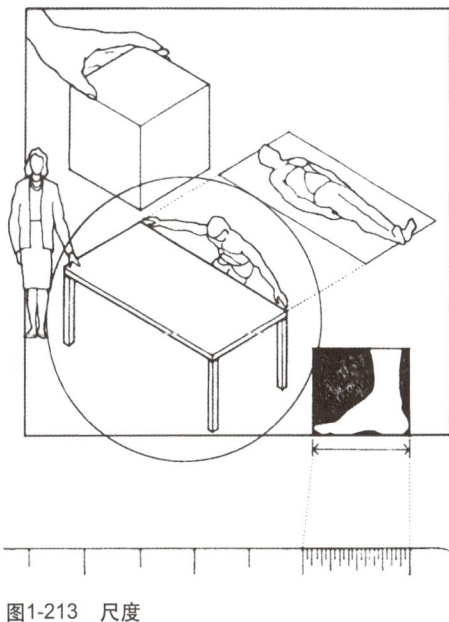

图1-213　尺度

尺度是由具体的尺寸和周围其他形式的关系决定的。如图1-214所示，这个场景模型很好地说明了门洞和开窗及家具等物体在这个室内空间中的尺度概念和大小尺度关系。

4. 色彩

色彩是光与视知觉反映的一种现象，色彩在空间中是视觉语言中最具表现力的要素之一。可以根据每个人对于色彩的知觉、色彩明度和色调值的感觉来描述。因此，色彩也是形式区别于其环境的最明显的属性，也影响着形式的视觉质量。如图1-215 ～图1-217所示，形体因其各自色彩的色相、纯度、明度各异，因之，在空间中的关系是鲜明且有个性的。

图1-214 尺度

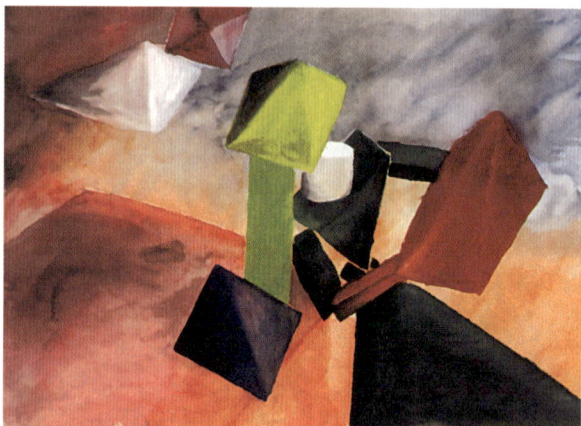

图1-215 色彩

图1-216 色彩 东湖会

图1-217 色彩 马格德堡试验工厂

5. 质感

质感可分为触觉质感和视觉质感两类。触觉质感是三维的，可以用手感觉到。视觉质感是二维的，通过眼睛来感受，可以引发触觉。这两类是通过实际触摸或"视觉触摸"来获得对材料的各种感觉，从而赋予某一物体的视觉以及一些特殊的触觉特性。真实材料对触觉的感受，这种直接的感觉经验是一切质感研究的基础，如图1-218所示。抽象的质感既保持了原有材料质感特征，但又根据设计者的特定要求而作了简化处理，空间设计中常常运用线条组织的图案来表达材料和环境、气氛，如图1-219所示。

图1-218　真实材料的质感

6. 位置

位置是指与形式所处的环境，或者用来观察形式的视域的特定地点。例如在一个较大的空间中,抬高楼面的一部分所产生不同的独特的空间领域。在不同的位置观看周围的空间，其心里感觉是另样的，如图1-220和图1-221所示。

图1-219　抽象的质感

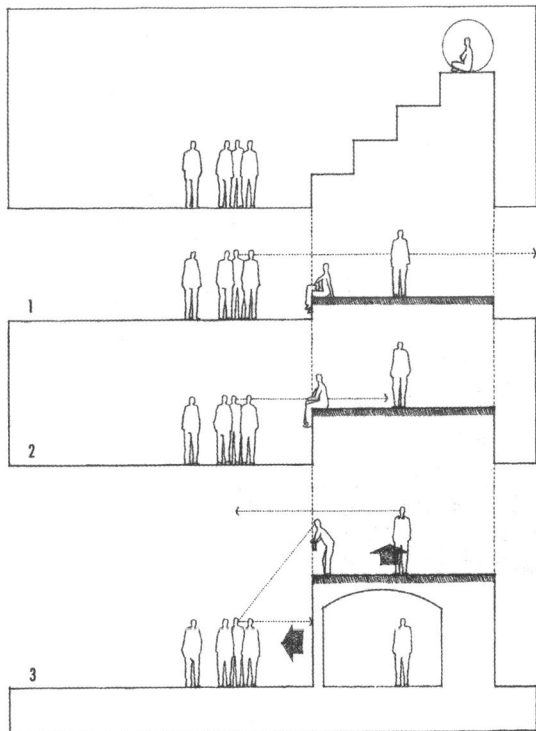

图1-221

图1-220　位置

前面讨论了部分形式的属性概念，所有这些形式的属性均是依据人在空间中，行动的连续变换视点和角度所提供的不同形状或面貌。因此，研究人的行进速度和空间感受之间的关系就显得格外重要。

二、形式的变化

形式的定义可以根据特定的环境和功能需求进行任何形式的变化和创造。这里可以形成一个观念，所有其他形式都可以被理解为是在球体、立方体、长方体、圆锥体、圆柱体这些基本形体上的变化。这些变化来自上述基本形体量度多与少的处理，或者是形体要素的增减而产生的。

1. 量度的变化

通过改变一个或多个量度，形式就会产生变化，但作为某一形式家族的成员，变化后的形式仍能保持其特性。比如，一个立方体可以通过在高度、宽度和长度的连续变化，变成类似的棱柱形式，它可以被压缩成一个面的形式，或者被拉伸成线的形式，如图 1-222 所示。立方体通过量度的变化而成为竖向扁方楼体、灯体，如图 1-223 和图 1-224 所示。

图1-222

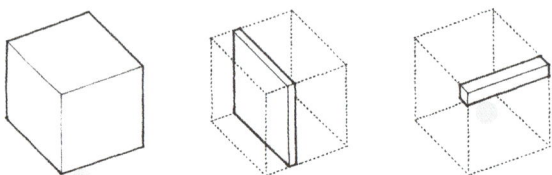

图1-223　量度的变化：佳能公司总部

图1-224　量度的变化："明亮的块状灯体"法兰克福车展穆尔和本德公司展位

2. 削减式变化

一种形式可以通过削减其部分容积的方法来进行变化。根据不同的削减程度，形式可以保持其最初的特性，或者变成另一种类的形式。比如，一个整个方体积是有一部分被削去，仍能保持其特性，或者变成逐渐接近球体的规则多面体，如图 1-225 所示。削减变化带来了空间的容积增加，如图 1-226 和图 1-227 所示。

3. 增加式变化

一种形式可以通过在其容积上增加要素的方法取得变化。增加过程的性质、添加要素的数量和规模，决定了原来形式的特性是被改变了还是被保留了下来，如图 1-228 ～图 1-230 所示。

图1-225

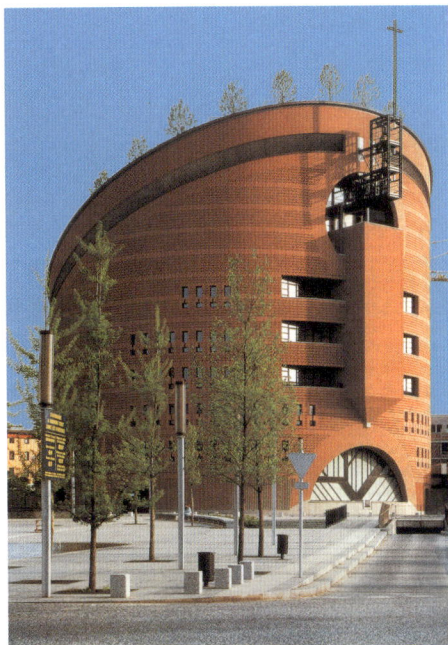

图1-226 削减的变化：马利奥·博塔

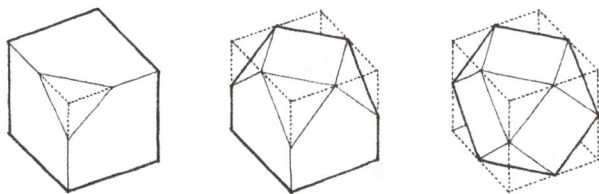

图1-227 削减的变化：印度博帕尔邦议会中心

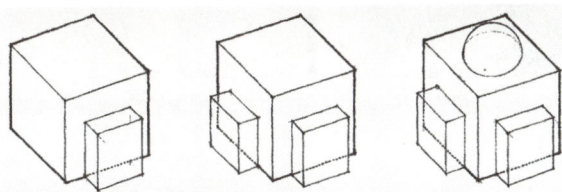

图1-228

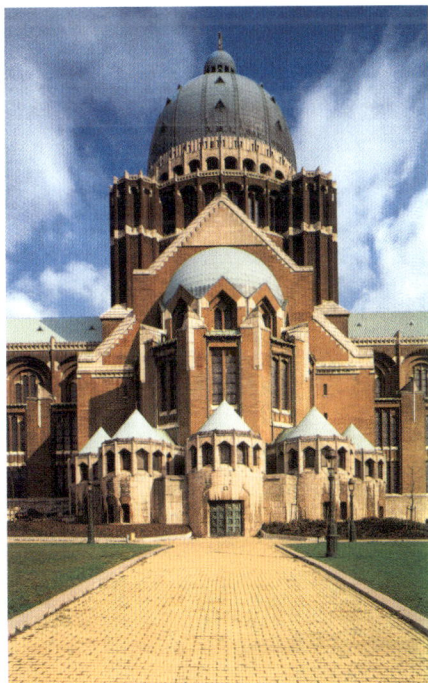

图1-229 增加的变化：诚心教堂

图1-230 增加的变化：斯洛文尼亚商业和工业部大楼

图1-229和图1-230基本实体的增加形成了"主体形式与从属部分相连"。

4. 形式的变化

一个球体可以通过沿某一轴线拉伸的方法，变成无数的卵圆体或椭球，如图1-231 ~ 图1-233所示。

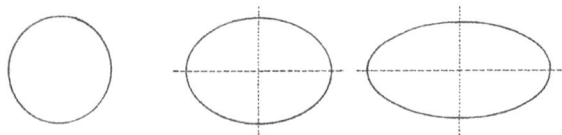

图1-231

图1-232　卵圆体的空间"容器"中国国家大剧院建筑外形

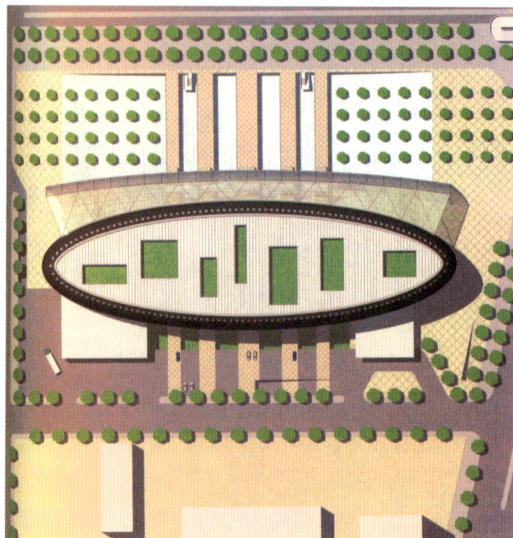

图1-233　"拉伸了的椭圆形"首都博物馆屋面造型

5. 形式的变化

（1）棱锥体。

一个棱锥体，可以通过改变其底边量度，改变顶点高度，或是垂直轴偏向一边的方法来进行变化，如图1-234所示。

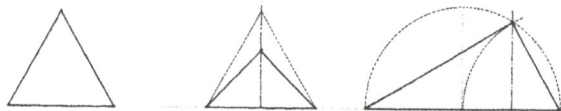

图1-234

如图1-235 ~ 图1-237所示，因改变了不同的要素量度而形成了大相径庭、各具风采的空间形象。

图1-235　美国密西西比Choctow Golden Moon Casino & Resort Hotel, Mississippi

图1-236

图1-237

（2）立方体。

一个立方体，可以通过缩短或延长其高度、宽度或深度的方法，变化成矩形棱体，如图1-238所示。

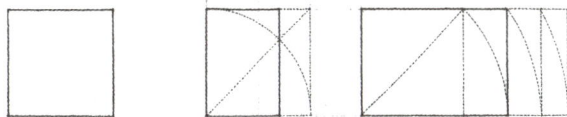

图1-238

如图1-239和图1-240所示，一个立方体采取延长高度、延展宽度和延进深度等手段，所获得的实际空间形象是令人振奋的。

图1-239 加那利码头

图1-240 美伦银行中心

6. 削减的形式

我们在能见的视野内总是寻求形式的
规则性和连续性。如果在我们的视野中，
一个基本实体有一部分被遮挡起来，那么
我们倾向于使其形式完善，视为一个整体，
这是因为大脑填补了眼睛没有看到的部分。
同样，当规则的形式中有些部分从其体量
上消失，如果我们把它视作不完整的实体
的话，这些形式则仍保持着他们的形式特
性，我们把这些不完整的形式称为"削减
的形式"，如图1-241～图1-249所示。

图1-241 ITSUKO

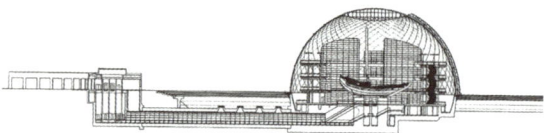

图1-242 大阪海洋博物馆

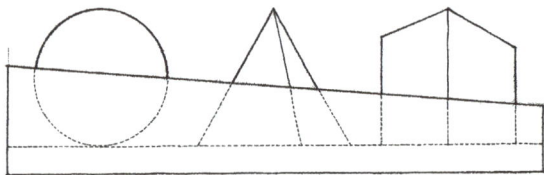

图1-243 大阪海洋博物馆

由于简单的几何形体易于识别，比如我
们提到的基本实体就非常适合削减处理。假
若不破坏这些形体的边、角和整体外轮廓，
即使其体量中有些部分被去掉，这些形体也
仍将保留其形式特性。

如果从某一形式的体量上移去的部分侵蚀了其边缘并彻底地改变了其轮廓，那么这种形
式原来的本性就会变得模糊起来。

可以从某个空间形式中削减一些面
积，以形成凹进的入口式明确的庭院空
间，或者由凹处的垂直或水平的表面来
遮挡的窗洞。

在这里削减的形式和增加的形式之
主要不同点是：

削减的形式是从本体上移去一部分

图1-244

得到的，而增加的形式则是在原来的容积的基础上附加一个或多个从属形式产生的。

以上仅是以几何体为例做了相关的阐述，在处理手法上采用了如削减、增加、聚集、穿插、
减缺、穿孔、移动、错位、滑动等丰富的手法。其变化的方法和方式是多样的、无穷的，在
此意在给出一个观念，希望大家举一反三并灵活运用。

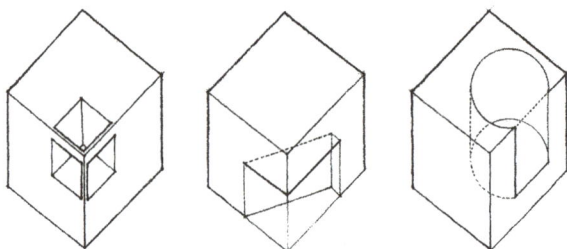

图1-245 削减的形式：万科"西山庭园"住客会所

图1-246 削减的形式：纽卡斯尔市政厅内部

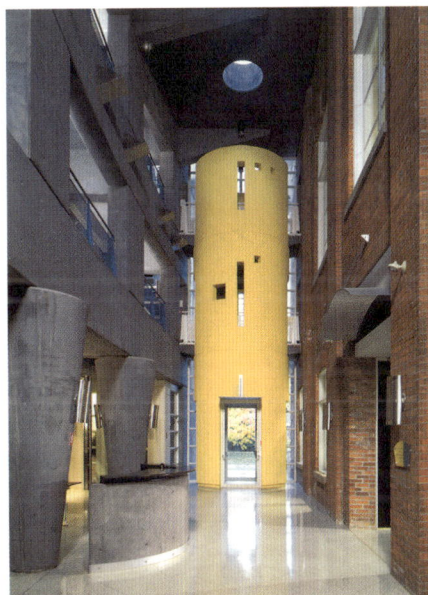

图1-247 削减的形式：黑川纪章福冈银行总部大楼

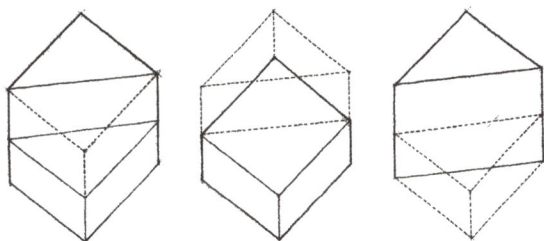

图1-248

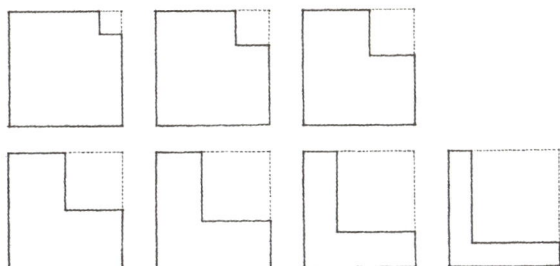

图1-249

三、形式美的规律在实际中的运用

（一）统一与变化

1. 变化

在重复和类似中加入不同的元素，所产生变化的度和质的改变是由加入不同元素的多少而定，但应不能影响单元特征和整体性。如图1-250～图1-255所示，在天花、地面、墙面的圆弧形"交响乐"中，桌子方形体的对比作用，使上述圆弧"交响乐"更鲜明。与餐厅墙面出其不意地进行了形状、方向等不同元素的度的变化，增添了餐厅空间的情趣。

图1-250 变化

图1-251 变化

图1-252 变化

图1-253 变化

图1-254 变化：水馔餐厅1

图1-255 变化：水馔餐厅2

2. 统一

统一是构成美的首要特征，是和谐的整体，是一种完整的感觉。统一的效果可以通过均衡、对比、和谐、主次、比例、间接、重复、对称、尺度、节奏等的结合运用的手段来获得，如图 1-256 ～图 1-260 所示。例如东北大学 汉卿会堂，天花造型的弧形体群组和地面弧形排列的坐椅交相辉映，使该空间的形调得到了很好的统一，如图 1-258 所示。

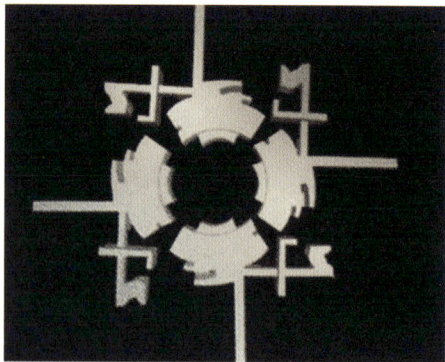

图1-256　统一原理图

图1-257　统一："食尚"空间

图1-258

图1-259　统一：金色幼儿园

图1-260　统一：伊达养护中心

统一变化规律也称多样统一。一件作品,缺乏多样性和变化,则流于单调,如同嚼蜡般枯燥无味,但若变化无序,缺乏和谐和统一则会显得杂乱无章,便不能构成美的形式带来美感,因此统一与变化规律是形式美的最基本的规律。

统一也是一种秩序,是秩序、有机、和谐统一完整的,一般来说统一和秩序是绝对的,变化是相对的。

在具体的设计中,常常使用一种形调、色调的手段得到较好的统一效果,或者以简洁明确的一两种几何形来做基调变化也能获得严格的制约关系。如我国的天坛、埃及的金字塔、古罗马的潘泰翁神庙,近代的大型体育馆等等均是采用了上述简单、肯定的几何形状而构成的,从而达到了高度完整和统一的美感。

(二)对称与均衡

1. 对称

对称是一种控制重复图形在构图中位置和方向的特殊规则。对称形体若划分成全等的组成,对称值最高,若不成全等组成对称值较低,因此对称值的定量可以由全等组分的数量所决定,如图1-261 ～图1-264所示。

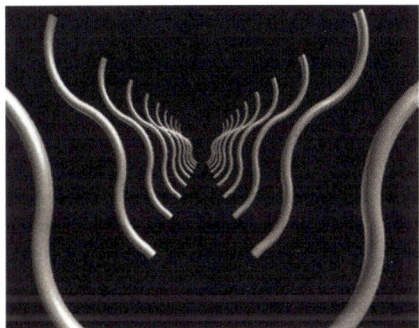

图1-261 对称原理图

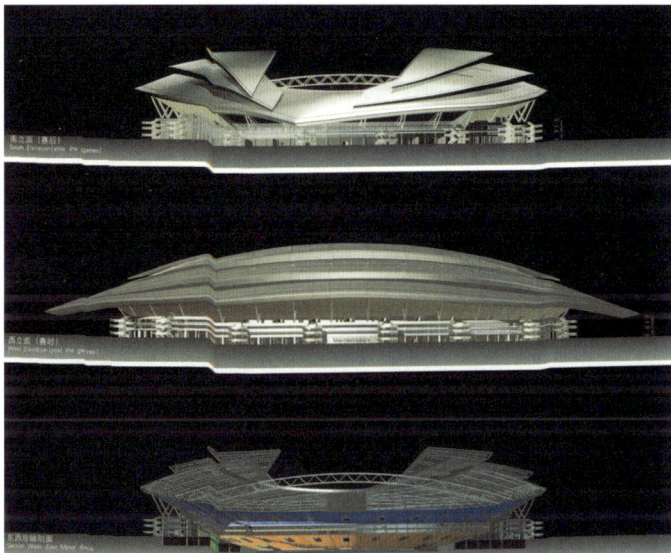

图1-262 对称:国家体育场上海现代建筑设计公司方案

图1-263 对称:国家体育场思构国际设计公司方案

图1-264 对称:韩国茶馆

2. 均衡

是指通过对空间构图要素的安排达到视觉上动态或静态的稳定感。均衡可以通过对称、非对称或中性配置实现。在视觉上改变构图形状、质感、颜色、明暗配合和式样等都可以达到均衡。同样的形状和空间，相对于一个公共轴或中心点对等分布，称为对称均衡；不同数量和特征的元素在平衡点两边达到视觉重量上的平衡，称为非对称均衡，也称动态的平衡；消极的，缺乏重点或对比的平衡称为中性平衡，以偶然性和模糊性为特点，如图1-265～图1-268所示。

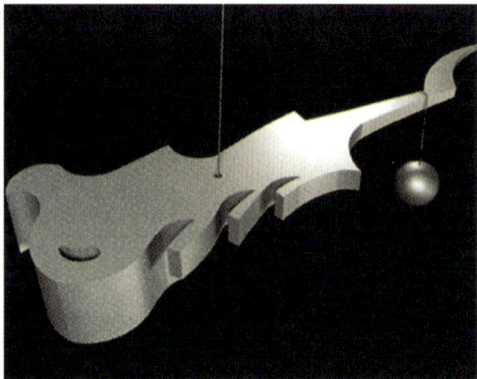

图1-265　均衡原理图

图1-266　均衡：北摄中央公园风塔

图1-267　均衡：Thousand Island Charity Casino，Ontario

图1-268 均衡：萨兹曼住宅

生活中的所有物体要保持均衡和稳定就必须具备一定的条件，如像山那样下部大、上部小，像树那样下部粗、上部细，像人体形那样左右对称等等，这些规律就证明了对称与稳定的规律。人造物古埃及金字塔与这一力学原理和美学原理是相一致的。在建筑史上古今中外有无数著名建筑家都采用了对称式的形式美规律而获得了整体统一的，完美的经典作品。

就形态来说上述应是静态均衡的。非对称的均衡与对称形式的均衡相比较，前者显然要轻松活泼的多。包豪斯著名建筑艺术家格罗庇乌斯曾强调"中轴线对称形式正在让位于自由不对称组合的生动有韵律的均衡形式。"当然在实际的空间设计中还是要根据空间实用功能和精神功能的实际需求而采用不同的构成形式（见图1-269）。

图1-269 均衡：特雷里克塔楼

（三）重复与渐变

1. 重复

同样一个形在设计中多次使用称为重复。重复手法在创造视觉和谐的方面效果突出。重复一般有形状的重复、尺寸上的重复、色彩上的重复、质感的重复、方向的重复、位置的重复、空间的重复和重量的重复等。然而太多的重复可能会有损构图的活力，这时可以在方向和空间上做一些变化，如以各种方式相互叠加、穿透、组合、或正负形结合等元素组的重复可以产生节奏（见图1-270～图1-278）。

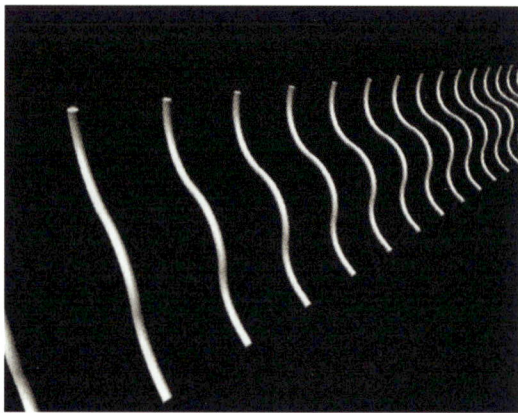

图1-270 重复原理图

图1-271 重复：协和佳境

图1-272 重复

图1-273 重复：瑞士，卢加诺，吉奥塔多银行

图1-274 重复

图1-275 重复：KTV&夜总会佰富情

图1-276 重复：意大利文化宫

图1-277　重复：国立罗马艺术博物馆

2. 渐变

渐变通常用于在构图内创造逐渐变大变多的手法。这些形通常按规则间距排列，也可以按照增加或较小的密度来排列。渐变也指一个形在形状、位置、方向或比例系统上的转换（见图1-279 ~图1-286）。

（1）形状的渐变。

形在内部和外部的逐步变化。

（2）尺度的渐变（膨胀）。

形的放大或缩小。

图1-278　重复：教堂

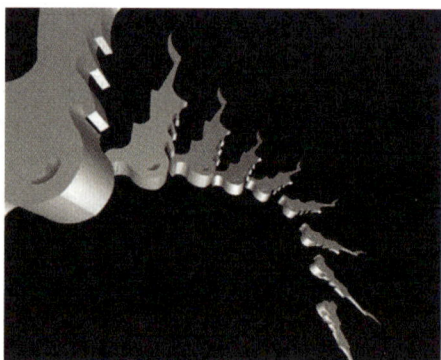

图1-279　渐变原理图

（3）位置的渐变。

在重复的空间里，活动的结构线拦截或部分切断形。

（4）方向渐变。

在一个平面上左右旋转一个形，或在三维空间内前后旋转一个形，同时保持其形状不变，其效果是方向上的变化。

（5）比例的渐变。

在渐变的框架中缩小或放大部分要素。

图1-280　渐变：德国新国会大厦

图1-281　渐变：教堂

图1-282　渐变：教堂

图1-283　渐变：德国新国会大厦教堂

图1-284　渐变：泓景台住客会所

图1-285　渐变：泓景台住客会所

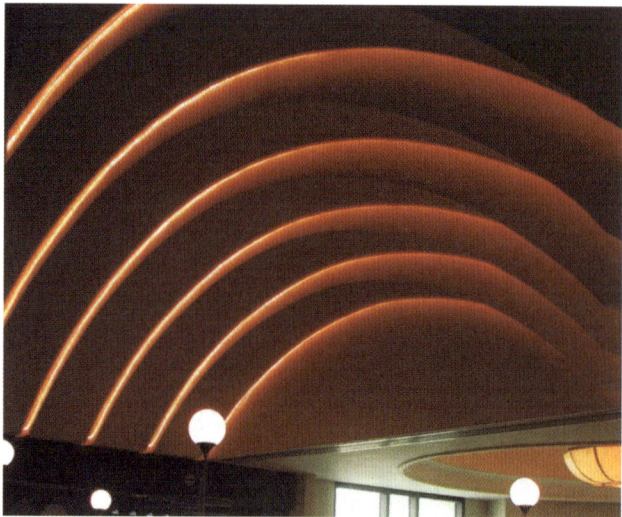

图1-286　渐变：泓景台住客会所

（四）主从与重点

由若干要素组成的整体，每一要素在整体中所占的比重和所处的地位，都会影响到整体的统一性。倘若所有要素都竞相突出自己或者同处同等地位、不分主次都会影响整体的完整统一性。因此，为了达到统一，应处理好主从关系以把作为主体的大体量要素置于突出地位，而把其他次要要素从属于主体，这样就可以使之成为一个有机的整体。

在具体的空间组织中，其空间的艺术处理是必须的，但还是要在充分利用功能的原则和特点下突出其中重点的空间为中心。我们常说的"趣味中心"就是空间整体中最引人入胜的重点或中心，一个空间如果没有这样的中心便会使人感到平淡无奇，而又会产生松散而无整体秩序的心理感受（见图1-287～图1-294）。

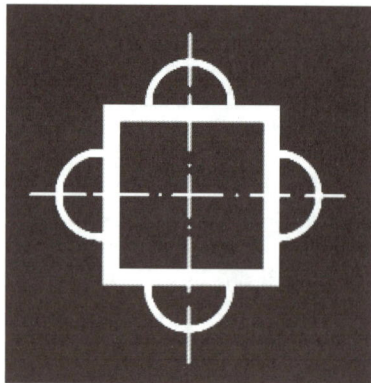

图1-287　主从与重点

图1-288　主从与重点：孙中山纪念堂

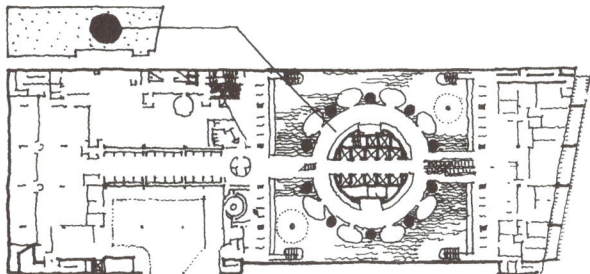

图1-289 主从与重点：美国亚特兰大市桃树中心广场旅馆

图1-290

图1-291 主从与重点：格兰特维格教堂

图1-292 主从与重点：维斯敏斯特天主教堂

图1-293 主从与重点：斯图加特火车站

图1-294 主从与重点：圣马丁教堂

（五）韵律与节奏

特点是有规律的重复出现或有秩序的变化，并从中体现出的条理性。重复性和连续性具有的韵律美感和节奏美感，犹如音乐旋律中音调起伏的节奏感。在自然界中许多事物或现象，也是有规律的重复出现或有秩序的变化，并激发人的美感的，如简单的一颗石子投入水中，就会激起一圈圈的波纹由中心向四外扩散，从而产生了一种富有韵律和节奏的美感。人们根据这种美的规律创造了许许多多具有条理性、重复性和连续性为特征的美的形式韵律美（见图1-295～图1-302）。

韵律美按其形式构成特点可以分为几种不同的类型：

（1）连续的韵律，以一种或几种要素连续、重复地排列而成，各要素之间保持着恒定的距离和关系，可以无止境地连绵延长。

（2）渐变韵律，连续的要素如果在其一方面按照一定的秩序变化，例如逐渐加长或缩短，变宽或变窄，变密或变稀等。这种变化和渐变的形式称为渐变韵律。

（3）起伏韵律，渐变韵律如果按照一定规律时而增加，时而减小，有如浪波之起伏，或具不规则的节奏感，即为起伏韵律。这种韵律较活泼而富有运动感。

（4）交错韵律，各组成部分按一定规律交织、穿插而形成。各要素互相制约，一隐一显，表现出一种有组织的变化。这四种形式的韵律虽然各有特点，但都体现出一种共性，即具有极其明显的条理性、重复性和连续性。借助于这一点既可以加强整体的统一性，又可以求得丰富多彩的变化。

韵律美形式和规律在空间构成和创造中的运用是极为广泛、普遍的。

图1-295　韵律与节奏

图1-296　连续的韵律：湖边拱楼

图1-297 渐变韵律：山波剧院

图1-298 渐变韵律：山波剧院

图1-299　起伏韵律：法卡斯雷特停尸堂

图1-300　起伏韵律：法卡斯雷特停尸堂

图1-301　交错韵律：中银仓体大楼

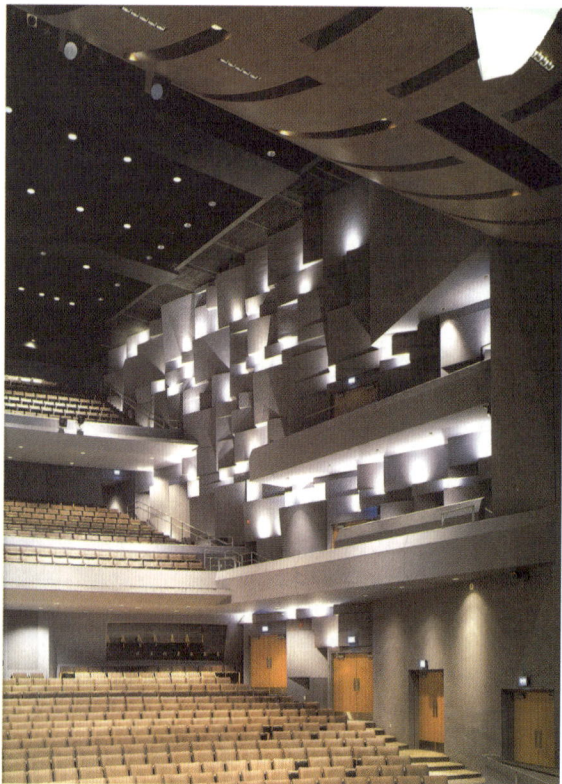

图1-302　交错韵律：城市艺术广场剧院

（六）比例与尺度

在《形式的属性》一文中曾经讨论过尺度的概念，其阐述为尺度是指某物比照标准或其他物体大小时的尺寸。比例则是指一个部分与另外一个部分或整体之间的适宜或和谐的关系。这种关系不可能仅仅是重要性大小的关系，也是数量大小和级别高低的关系。在决定事物的比例时，设计者通常有一个选择范围，有些是通过材料的性质，或通过空间要素的应力方式及事物的构成方式呈现给我们的。

图1-303　比例与尺度

著名建筑家拉斯姆森在《体验建筑》书中形象地描述了比例和尺度在实际空间中的意义和感觉"在弗斯卡里别墅中，你能意识到那些用来分隔房间的墙体厚度，每一道墙都被赋予了肯定而精确的形式。中心大厅十字交叉臂的尽端，都有一个方形房间，尺寸为16英尺×16英尺。方形房间位于一大一小两个长方形房间之间，其中一个房间的尺寸为12英尺×16英尺，另一个为16英尺×24英尺，或者说是前一个房间面积的两倍。小房间的长边以及大房间的短边，与方形房间的边长相同。帕拉迪奥特别强调这些简单的比例关系为3：4，4：4和4：6，这是在音乐和声中能够找到的比值。中心大厅的宽度也以16为基础。其长度不是非常精确，因为墙体厚度必须是在加入房间的量度之中。以这种严格的连锁构图形成的大厅，其特殊效果来自其非常的高度，桶拱屋顶高高在上，跨越侧房和夹层。但是，你也许会问，参观者真的能感受到这些比例关系吗？答案是肯定的，虽然感受到的不是精确的尺寸，但是能够感受到这些比例背后的基本思想。人们领悟到的是一种高贵的印象、非常完整的构图，其中每个空间都处于一个更大的整体中，呈现出一

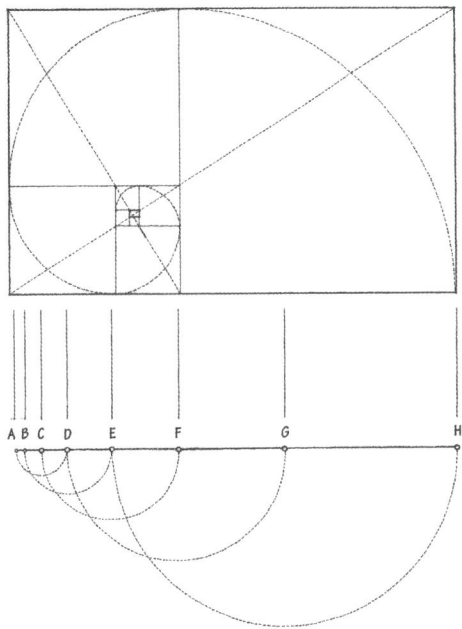

图1-304　"黄金矩形"图

种理想的形式。人们还可以感受到各个空间彼此关联。没有任何一点是无关紧要的，所有的一切都是重要而完整的。"

任何物体，不论呈何种形状，都必然存在着长、宽、高三个方向的度量，比例所研究的就是这三个方向度量之间的关系问题。所谓推敲比例，就是指通过反复比较而寻求出这三者之间最理想的关系（见图1-303～图1-315）。

一切造型艺术，都存在着比例关系是否和谐的问题，和谐的比例可以引发人的美感。公元前六世纪，希腊曾有一个哲学流派为毕达哥斯拉学派，在这个学派看来，万物最基本的因素是数，数的原则统治着宇宙中一切现象。他们不仅用这个原则来观察宇宙万物，而且还进一步来探索美学中存在的各种现象。他们认为美就是和谐，并首先从数学和声学的观点出

发去研究音乐节奏的和谐，认为节奏的和谐是由高低、长短、强弱各种不同音调按照一定数量上的比例组成的。毕达哥斯拉学派还把音乐中和谐的道理推广到建筑、雕塑等造型艺术中去，探求什么样的数量比例关系才能产生美的效果，著名的"黄金分割"就是由这个学派提出来的。如图1-305所示，雅典帕蒂农神庙的正立面在划分比例时运用了黄金分割率。

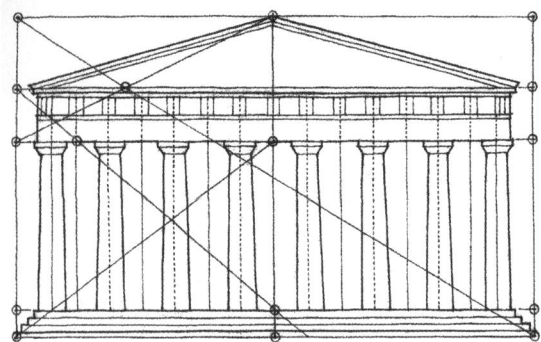

图1-305　雅典，帕蒂农神庙。公元前447年—公元前432年

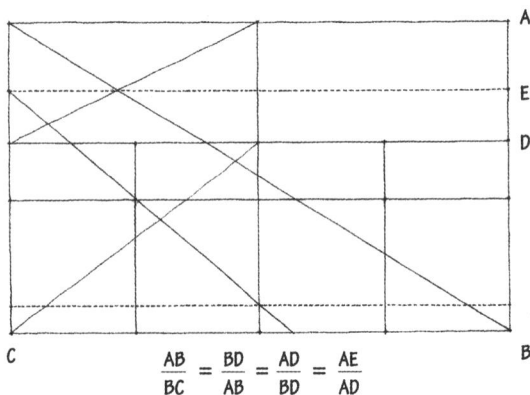

$$\frac{AB}{BC} = \frac{BD}{AB} = \frac{AD}{BD} = \frac{AE}{AD}$$

图1-306　黄金分割

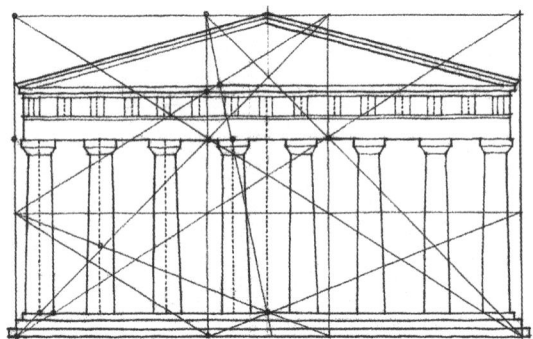

图1-307

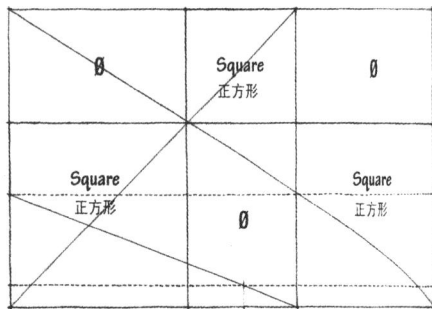

图1-308　黄金分割

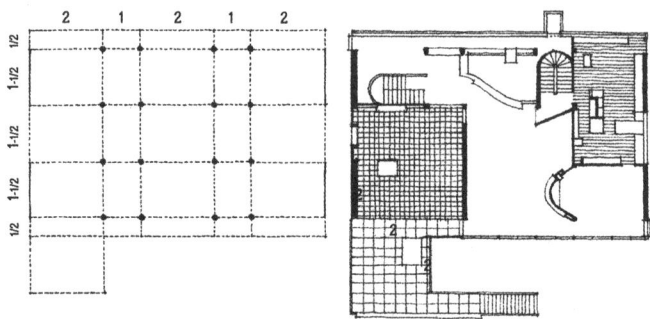

图1-309　加歇里克，沃克里森，法国，1926年—1927年，勒·科布西耶

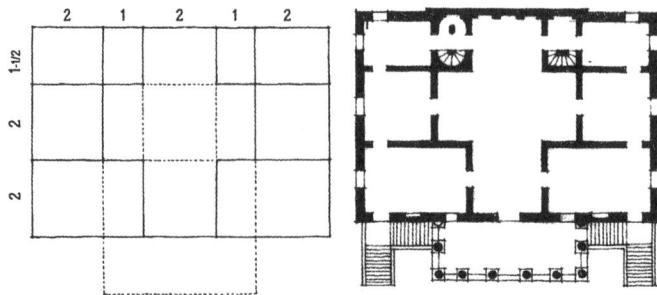

图1-310　弗斯卡里别墅，梅尔肯顿，意大利，1558年，A·帕拉蒂奥

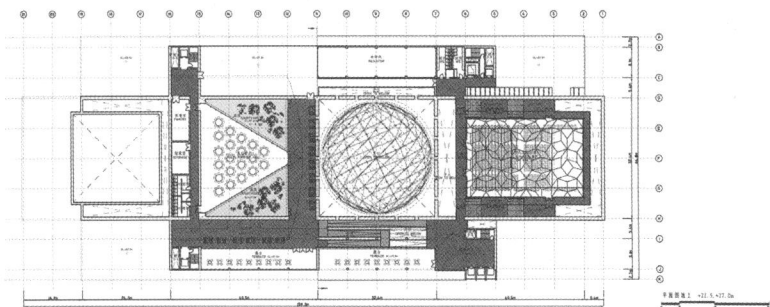

图1-311　比例与尺度：清华大学大礼堂建筑设计

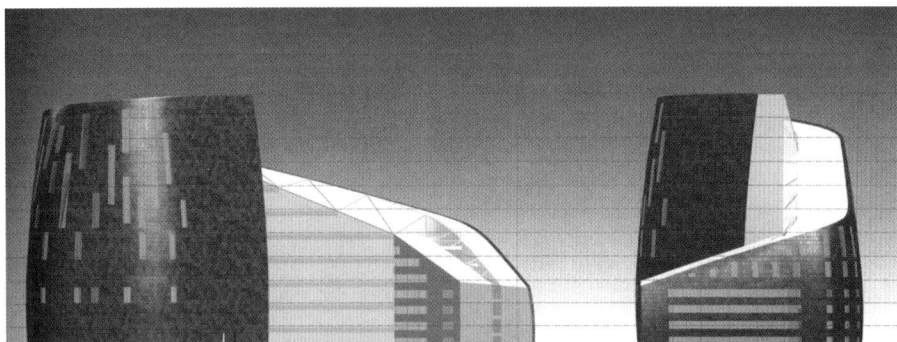

图1-312　比例与尺度：中央美术学院城市设计学院1

图1-313　比例与尺度：中央美术学院城市设计学院2

图1-314　比例与尺度：上海证大喜玛拉雅艺术中心1

图1-315　比例与尺度：上海证大喜玛拉雅艺术中心2

　　怎样才能获得美的比例呢？从古至今，曾有许多人不惜耗费巨大的精力去探索构成良好比例的因素，但得出的结论却各自不同。一种看法是，只有简单而合乎模数的比例关系才易于被人们所辨认，它往往是很有效的。从这一点出发，进一步认定像圆形、正方形、正三角形等具有确定数量之间制约关系的几何图形，可以用来当作判别比例关系的标准和尺度。

　　现代著名的建筑师勒·科布西耶把比例和人体尺度结合在一起，并提出一种独特的"模度"体系。勒·科布西耶创造了他的比例系统——模度尺，用以确定"容纳与被容纳物体的尺寸"。他把希腊人、埃及人以及其他高度文明的社会所用的度量工具视为"无比的丰富和微妙的，因为他们造就了人体数学的一部分，优美、高雅并且坚实有力，是动人心弦的和谐之源——美"。因此，勒·科布西耶将他的度量工具规模度尺，建立在数学（黄金分割的美学度量和斐波那契数列）和人体比例（功能尺寸）的基础之上（见图1-316～图1-318）。勒·科布西耶的研究始于1942年，于1948年发表了《模度尺——广泛用于建筑和机械之中的人体尺度的和谐度量标准》，第二卷《模度尺Ⅱ》于1954年出版。

　　模度尺的基本网格由三个尺寸构成：113cm、70cm、43cm。按黄金分割划分比例为：

43+70=113

113+70=183

113+70+43=226（2×113）

　　113、183、226确定了人体所占的空间。在113～226之间，科布西耶还创造了红尺与蓝尺，用以缩小与人体高度有关的尺寸等级。

　　科布西耶不仅将模度尺看成是一系列具有内在和谐的数字，而且是一个度量体系，它支配着一切长度、表面和体积，并"在任何地方都保持着人体的尺度"。他是"无穷组合的助手，确保了变化中的统一缮数字的奇迹"。

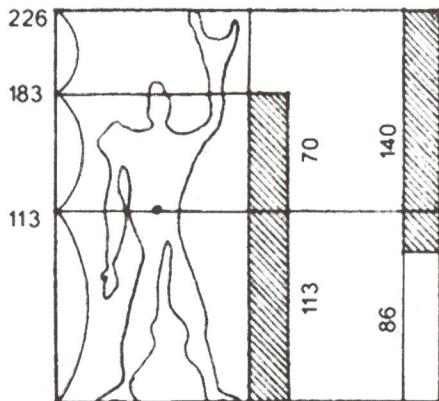

图1-316

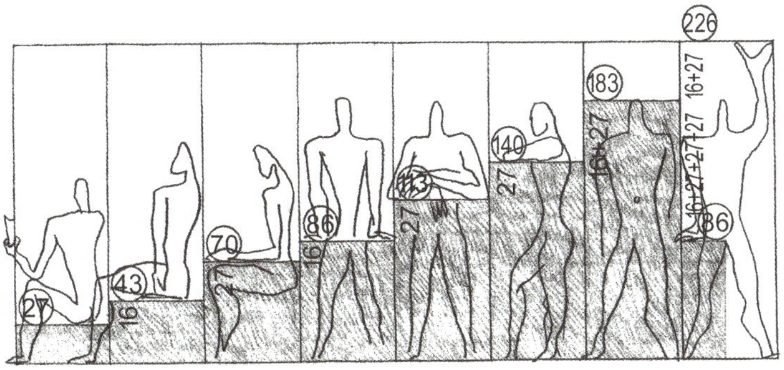

图1-317

关于尺度的概念讲起来并不深奥，但在实际处理中却并非很容易，就连许多有经验的建筑大师也难免会犯错误。例如由米开朗琪罗设计的圣·彼得大教堂，就是由于尺度处理不当，而没有充分地显示出它应有的尺度感。问题就产生在把许多细部放大到不合常规的地步，这就会给人造成错误的印象，根据这种印象去估量整体，自然会歪曲整个建筑的体量。但还有一种情况，就一般建筑来讲，设计者总是力图使观赏者所获得的印象与建筑物的真实大小相一致。对于某些特殊类型的建筑，如纪念性建筑，设计者往往有意识地通过艺术处理希望给人以超过它真实大小的感觉，获得一种夸张的尺度感，从而营造特殊的艺术效果。与此相反，对于另外一些类型的建筑，如庭园建筑，则希望给人以小于真实体量的感觉，以此获得一种亲切的尺度感。这两种情况虽然感觉与真实之间不完全吻合，但是为了达到某种艺术特殊效果也是允许的（见图1-319～图1-321）。

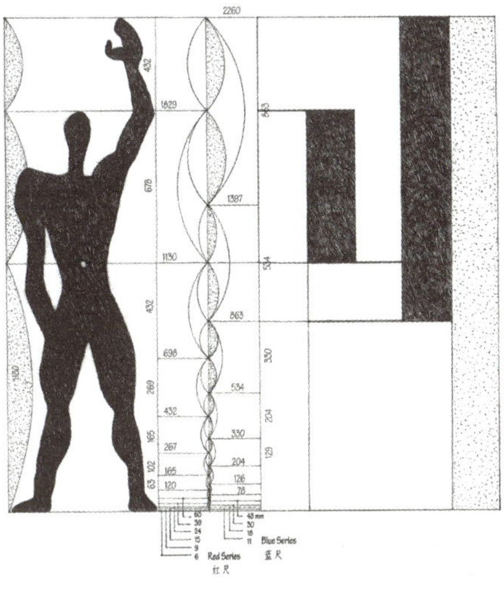

图1-318

图1-319 比例与尺度

图1-320　比例与尺度

图1-321　比例与尺度

本节着重地讨论了形式、形式的属性、形式变化及形式美的规律。这些知识对于空间设计来讲，只能为我们提供一些规范，而不能代替我们的创作。它有一点像语言文学中的文法，借助于它可以使句子通顺而不犯错误，但不能认为只要句子通顺就自然地具有艺术表现力。过去人们常常有一种模糊的概念，即把形式美和艺术性看成为一回事，这显然是不正确的。形式美主要是一种美的法则，更多的限于抽象形式本身外在的联系。而艺术作品最起码的标志就是通过艺术形象来唤起人的思想感情上的共鸣。空间环境艺术设计则是通过空间把各构成要素的独特创意，给人视觉上、心理上和感情上的共鸣。

作业练习

形态、形体的形式及量度变化

用正方体或长方体、圆体等基本形体，结合本节讨论过的形态的消减、增加、缩短、延展等形式美规律进行形态、形体形式的变化及量度的变化处理。

要求：

（1）各界面以不同方式的点、线、面、体组织组合起来。

（2）形象要鲜明、清爽、完整、变化丰富、尺度感强、和谐而有韵律。

（3）边、角及两个界面节点处理要清晰、干净、和谐。

工具材料：

瓦楞纸板、泡沫聚苯乙烯板、白色卡纸、切具、胶水等。

作业案例：

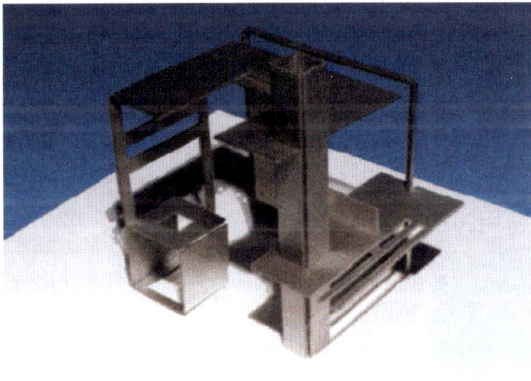

第二章
空间创意（创造的游戏）

第一节　开启自由想象挖掘原创力

应在对空间构成诸多方面充分讨论理解的基础上，从空间的创造性思维上拓展思路，从根本上抛开各种限制去设计创意空间。一开始可以从所喜欢的事物甚至是千奇百怪的事物开始，并通过构思构成创造出可体验的、可视的实在空间形象。本节主要探讨想象力和原创力的挖掘以及从平面想象到立体空间的构绘方法。

想象是创造性思维中最主要的形式。在创造性强的科学、艺术领域中，如果没有想象，几乎就没有科学、艺术，创造和发明。当然，在科学研究中，想象是作为逻辑思维的一种辅助手段，但在艺术创作设计中，想象却是一种主导思维的重要方式。

（一）想象的定义

想象是在感觉表象的基础上，对客观现实的某种特征进行思维的形象。是人在头脑里对记忆表象❶和意象❷进行分析综合加工改造，从而形成新的形象的心理过程。它是思维的一种特殊形式，也是通常所称的形象思维。想象能使我们超越时间和空间的限制，凭表象之手去触摸感觉不到的世界。因此麦金农说："想象力是大于创造力的。"创造既需要借助想象力翱翔天空，又需要回到现实，脚踏实地的努力。

按照主体的意识状态可以将想象分为无意想象与有意想象。

（1）无意想象，指没有预定目的，在一定刺激影响下，不由自主地产生的想象。梦是无意想象的极端形式。

（2）有意想象，指根据一定目的，自觉地进行的想象。

按照想象所具有的创造性可以将想象再分为再创造想象与创造想象。

（1）再造想象，依据词的描述或根据图样、模型和符号的示意在人脑中形成新形象的心理过程。例如我们看地图时，可以根据地图的标志，再造出河流湖泊、丘陵高山、铁路、公路和建筑群等。

（2）创造想象，指在活动中，根据一定的任务，以记忆表象作材料独立地进行分析综合、

---

❶ 表象是指曾经作用与人的具体事物被保留在头脑中，当该事物不在面前时所浮现的心理形象。表象是表征的一种。表象产生的方式还可以将表象分为记忆表象和想象表象。由于某种原因使经历过的事物的形象在意识中浮现出来，这事物的形象就是记忆表象。而想象表象，是指记忆表象在人的头脑中经过加工重组之后产生的新的表象。这些新表象或者代表人们从未感知过的事物的形象，或者代表世界上根本不存在的事物形象。
表象属于客观事物的感性印象，具有直观性;表象一般说是多次知觉的结果，又具概括性；表象是由感知过渡到思维的必要环节。
❷ 意象与表象类似但又有不同。表象更为直接的依赖知觉。它是在知觉出现后，离开对象时产生的。表象的材料经过过滤可以成为意象材料的源泉之一。表象的瞬间性是意象所缺乏的，意象的长久性可以使它发展，能与其他意象重新组合。意象是经过选择的，表象局限于直接知觉过的东西，意象的创造功能远比这广泛，它可以创造现实中没有见过的意象。

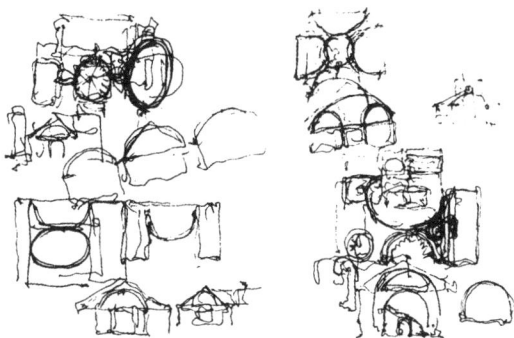

图2-1　托马斯·毕比为维吉尔之屋所作的视觉笔记

加工改造出新的表象。创造想象是人类最高级的一种思维活动，科学上的创造发明和文艺创作，都离不开创造想象。

想象力取决于存储表象的丰富和意象加工能力的水平，因此感知表象的调动至关重要。

想象所加工的表象包括视觉表象、听觉表象、触觉表象、嗅觉表象、味觉表象等，其中视觉表象约占80%。其他感觉表象的调动和运用，同样具有重要意义。环境的创造不仅具有视觉的意义，还必然是给使用者丰富感知体验的空间（见图2-1）。

心理学家研究表明，能唤起人们具体感觉经验的想象最能吸引人的注意。在环境设计中能调动自己的感知表象的设计师，往往能创造出使别人产生丰富体验的环境。

中国著名作家莫言认为自己的长处就是对大自然和动植物的敏感，对生命的丰富感受，他曾说"比如我能嗅到别人嗅不到的气味，听到别人听不到的声音，发现比别人更加丰富的色彩，这些因素一旦移植到我的小说中，我的小说就会跟别人不一样。"当他谈到他创作长篇小说《檀香刑》时说："我想写一种声音。在我变成一个成年人以后，回到故乡，偶然会在车站或广场听到猫腔的声调，听到火车的鸣叫，这些声音让我百感交集，我童年和少年的记忆全部因为这种声音被激活了。对故乡记忆的激活使我的创造力非常充沛。"

在实际生活中我们所积累的综合性感知表象又叫生活表象。由于表象具有直观性的特点，所以如果一个设计者有过某种生活经历，记忆中储存有相关生活的表象，就会给设计者提供一些具体素材，对这个设计的理解也就不会仅仅停留在设计任务书的文字上和各种规范的数字上。人们的情趣爱好和审美的标准，往往是生活中无意识培养起来的。

（二）想象的加工变化

能够敏锐地把想象中的知觉表象积极的调动起来，为下一步的意象创造提供重要的材料源泉。这时进行想象的控制是有益的，由于想象能把认识运用到尚未出现的事物中去，所以想象能预测现实计划的未来结果，所以想象可以控制行为。其中既有整体的控制，又有具体的控制。

1. 整体控制

一个人对自我形象的想象能很好地从整体控制他的行为。每个人都会意识到自己是什么样的人，同时也自然地想象自己将成为什么样的人，并且会为实现这个想象而努力。理想，就社会来说，是社会成员的集体想象，就个人来说，是个人对自己未来的想象，所以理想激励人的行为。

2. 具体控制

想象对人的具体行为的控制，体现为对具体问题发展趋势的想象影响行为。设计师学习设计大概需要掌握的基本技巧之一，就是要在设计过程中不断地发挥想象力，并与使用者融为一体，想象设计能满足他们的什么需要，使用者从设计中得到了什么。

这个阶段，对学生从想象到创造的练习题目也稍加界定，考虑到学生刚接触空间造型设计应循序渐进，要求在类似于专卖店、商亭、咖啡屋、酒吧、别墅和小型广场等小规模的范围内作出空间设计。

这里介绍德国柏林大学空间设计专业曾让学生做过的一个小设计，也可作为表象加工案例的参照。

小设计——夜园（朱欢，在德求学札记，《世界建筑》1999年第10期，P57～59）。

第一步，思考感觉的变化。

①视觉退居二线。白天的视觉与夜晚的视觉的不同；

②其他感觉器官的体验成了中心包括听觉、触觉和嗅觉；

③对时间的主观感受与白天不同；

④对空间，白天与晚上的感受也不同。

第二步，思考一下园是什么？

①白天的园是什么？

白天的园反映了人的什么样的愿望和梦想？

这种愿望和梦想又是通过什么建筑语汇使游者得到体验的。

②夜晚的园是什么？

人的感知系统的重点变化，时空感的变化，自然的光、影等气氛的变化，又应有什么样的体察和感受？

第三步，通过各种感觉意象的加工，表达一种夜园概念。

学生的作品。

①游园形式将夜间人时梦时醒对空间不同的感知这一过程空间化；

②重点强调月光下的影子园；

③只通过听觉和嗅觉来感知空间方位的夜园。

利用人夜晚时对微光和声音以及触觉的敏感，加上夜晚人对星空特殊的遐想和回归感，加强人与天空竖向的特殊关系，利用水、沙、植物和墙等元素不同的反光。

如果需要设计一个以销售东北土特产为主要商品的购物中心，以生态环境作为设计的特点，请想象东北地区的原始森林和黑土地，试着从视觉效果、听觉效果、触觉效果（雪的温度、北风的声响等等自然特点所带来的皮肤感觉）以及嗅觉效果，从而提出购物中心环境设计方案的构思立意。

（三）想象：情感体验和审美

情感体验与创造性想象。

利用意象的加工，不仅能有助于我们发现问题和形成思路，还能帮助我们以感性的方法去想象人们在建成的建筑空间中将会有什么体验。这是一种预想，带有感觉的预想。即使视觉意象的调动和加工对于空间设计来说是主要的，也不能仅限在形态的塑造和色彩的运用上，如光影在空间中的无穷变化就能够带来细腻的情感变化和高级的审美体验。因为光带来的感觉不单纯是视觉的，还有触觉的，温度的感觉以及人类依赖太阳的自然性和崇拜感（见图2-2～图2-5）。

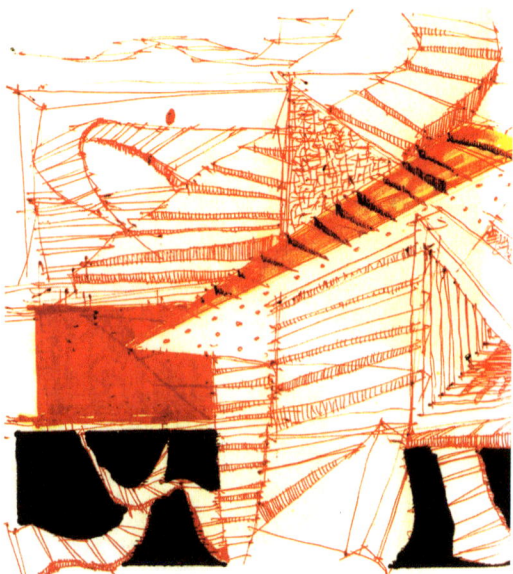

图2-2 混乱的思维用杂扰的图像状态传达会贴切，更能表达感受 崔笑声绘

图2-3 李明绘

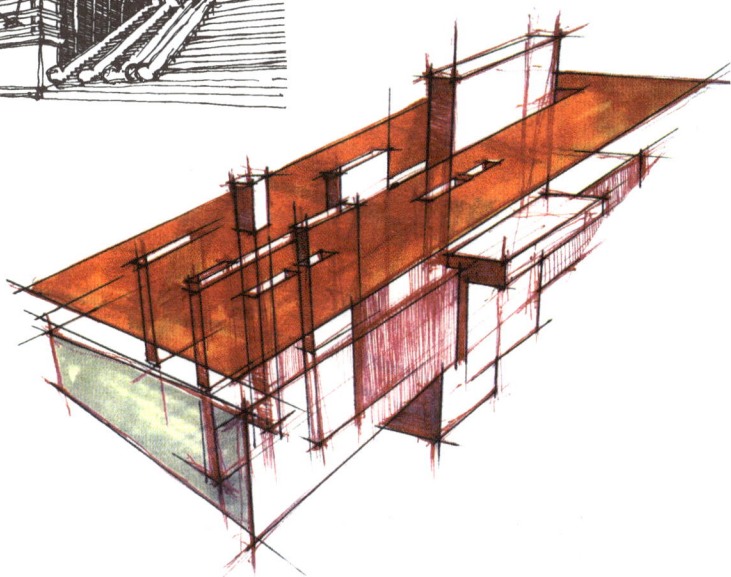

图2-4 崔笑声绘

图2-5 崔笑声绘

图2-6 安藤忠雄 光之教堂

图2-7 安藤忠雄 光之教堂

以创造光影著称的法国建筑师保罗·安德鲁在回顾走过的道路时,他认为在初期阶段一步步追寻的是自己直觉上感知的东西"我关注的是自然光在空间中的演出,关注溶解在光线中的结构形式。"

安藤忠雄是一个极富个性和表现力的建筑师。他的建筑作品崇尚日本传统禅宗的内省,体现了人与大自然的融合与亲近。他将抽象的构图手法和纯净的空间形式以及混凝土饰面的运用,等一系列现代建筑的重要特征,都变成了一种创造禅宗意境的手段,致使任何人在他的建筑中都无暇去分析,只能体验自省并为之陶醉。他的建筑事务所总结《光之教堂》设计体会时说到"什么样的建筑才能打动人并唤起人的悲悯之心呢?对安藤来讲并不是靠空间本身的'形式'去打动人,而是通过'空间体验'的深度来达到这种效果。如果能唤起人们对空间的内在感受和各种初始体验的回忆,就会产生强烈的共鸣。"安藤忠雄觉得"当风与光在一些切入点被引入时,建筑就变成了活生生的实体",在设计《光之教堂》时。他说"第一次谈到教堂加建问题时,首先映人脑海中的形象就是一处回响着声音的空间"(见图2-6~图2-9)。

图2-8

图2-9

作业练习

想象的王国

结合本节讨论的创造性思维规律做下面的练习，将唤起各种感觉表象，为感觉表象的加工奠定基础。

把自己所喜欢或最感兴趣的事物挖找出来，哪怕千奇百怪的事。这样一来思维会一下子活跃起来，诸如蜗牛、流星、泡沫、各色球和水草等等有感觉的事物很活跃地往外冒。例如有一位同学喜欢书，运用联想思维的方式由书一步一步进行思考，书——书页——翻动——书中有着很多知识和故事——书店——继而想到小书店的空间设计；从书店又想到周围环境——市外广场——用绿化及公共设施体现书页的翻动——通过广场中部分水景通透地下卖场的玻璃来体现书中的神秘。这样，在一步步的思路拓展和深化中学习了如何进入空间设计的具体过程（见图2-10～图2-18）。

手绘原创意方案设计草图三套（八开纸大小）。

图2-10 刘懿萱绘

古钱币的联想

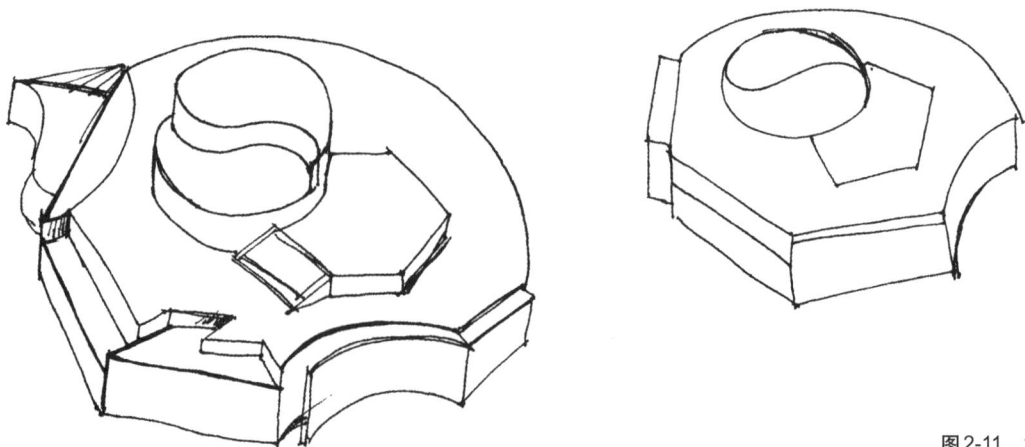

图2-11 刘锐绘

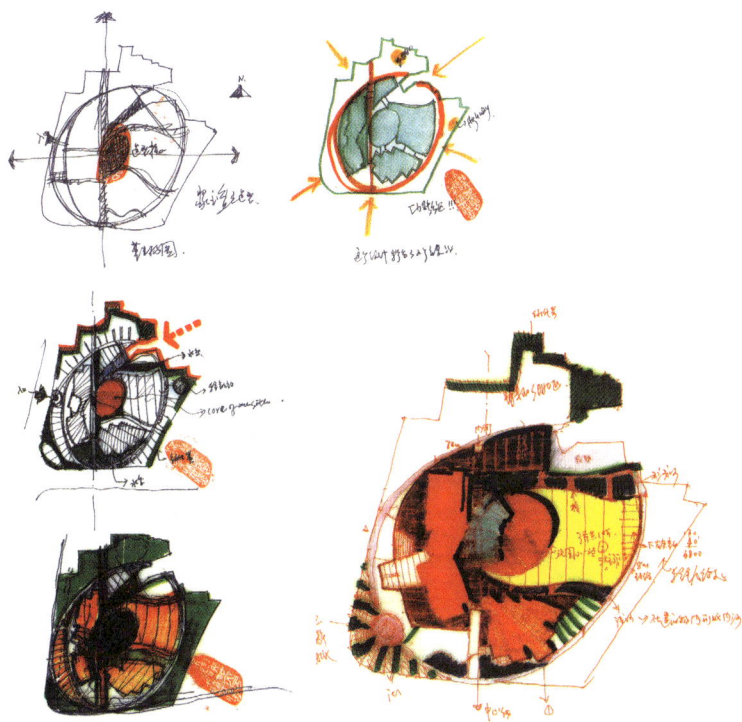

图 2-12 刘懿萱绘

图 2-14 崔笑声绘

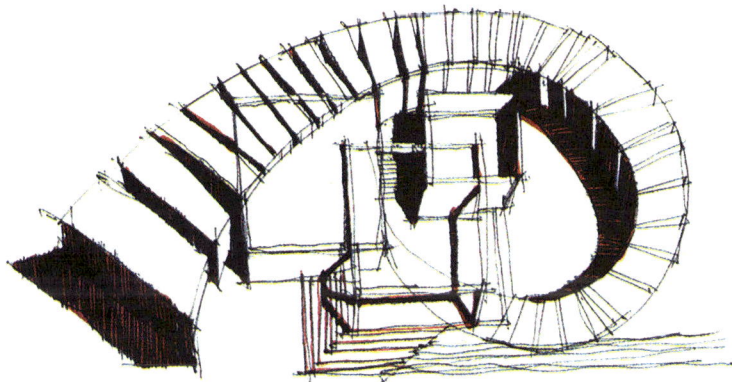

图 2-13 崔笑声绘

散落在海边的钢琴

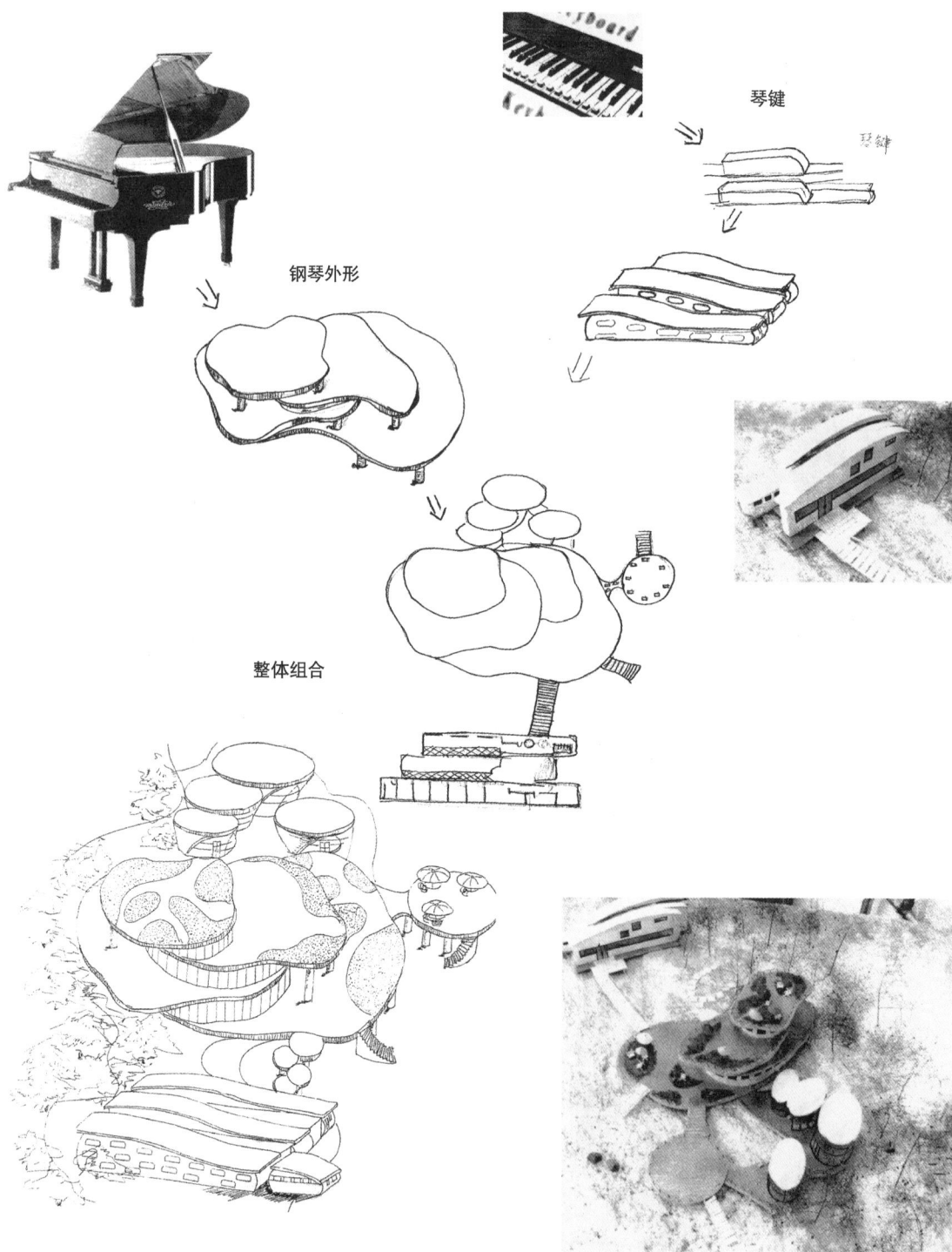

琴键

琴键

钢琴外形

整体组合

图2-15 周凯绘

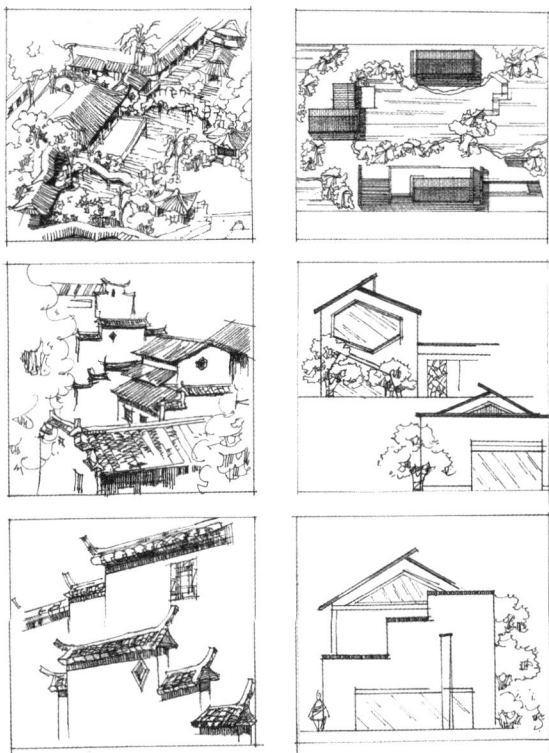

图2-16　郑延鼎绘

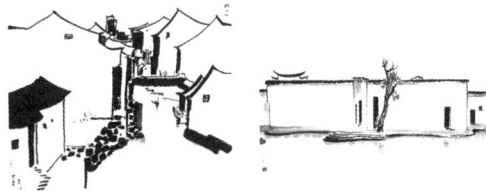

吴冠中《水乡》　　　吴冠中《鲁迅故乡》

图2-17　郑延鼎绘

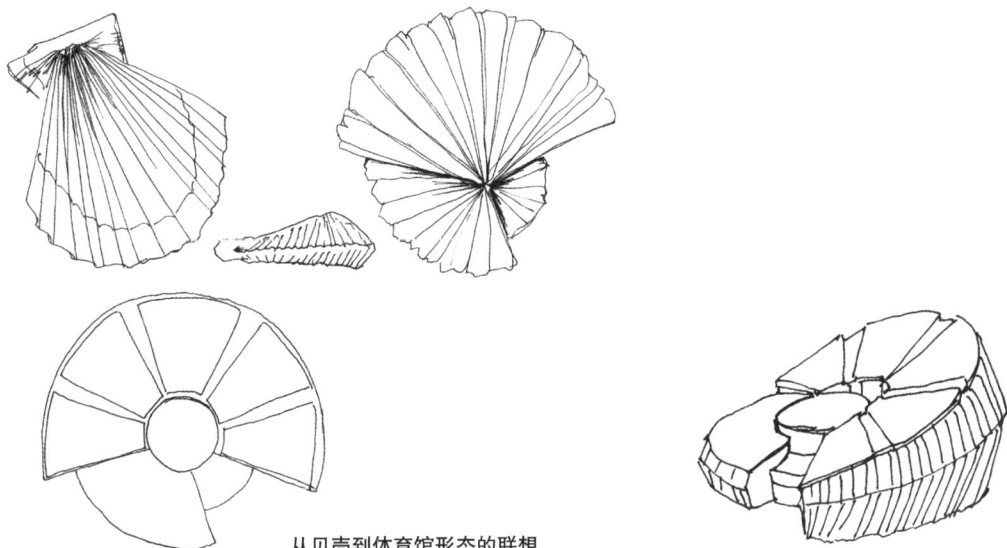

从贝壳到体育馆形态的联想

图2-18　张尚志绘

第二节　构绘：由"平面"到立体空间的思维与转换

构绘是利用图示等手段表达和记录想象的结果，并因此促进观察和想象深入开展。构绘的过程实质是想象思维的延伸；这里的空间设计是从非具象到抽象❶再从抽象到表象，由"平面"向"空间"的思维转化，是设计意念和概念向方案转换的技术表达环节，也是设计思维与技术表达的互动。这种创意物化构绘完成之后，可能是一件图形或一件卡纸模型，也可能是一堆以文案为主的草稿，要把它转换成可实施的方案还必须使用科学的空间表达技术手段，如还要完成正投影制图、空间模拟透视图或者计算机虚拟空间表现或实物模型等形式的表现方式。

（一）构绘是设计思维与技术表达的互动

构绘不仅仅是把设计意念和概念向方案转换的技术表达环节，它更是一种引导设计师进一步思维的推动媒介。现代有关认知心理和头脑生理学的研究已建立了一种综合的形象思维的观点，即通过视觉形象构成思维"观看、想象、表达"的模式。这里，表达与思维有机地统一了起来。当思维以一个具体的形象表现出来时，可以说这个思维被图像化了，这种图像化的过程正是设计师将自己头脑中的空间形象转化成视觉形象的过程，这个阶段"构绘表达"起了重要作用。这里，构绘的图像可以被看成是设计师思维与自己绘在纸上的形象不停地交流对话，更是眼睛、手、脑之间的一种互动，而设计是在这个互动循环之中不断丰富、完善自己的设计构思。同时在这个过程中，我们也完成了对手、眼、脑的有机和系统的训练目的。这里，当手、眼、脑的配合到达一种无障碍的地步时，"构绘"则变得更加令人心驰神往（见图2-19～图2-25）。

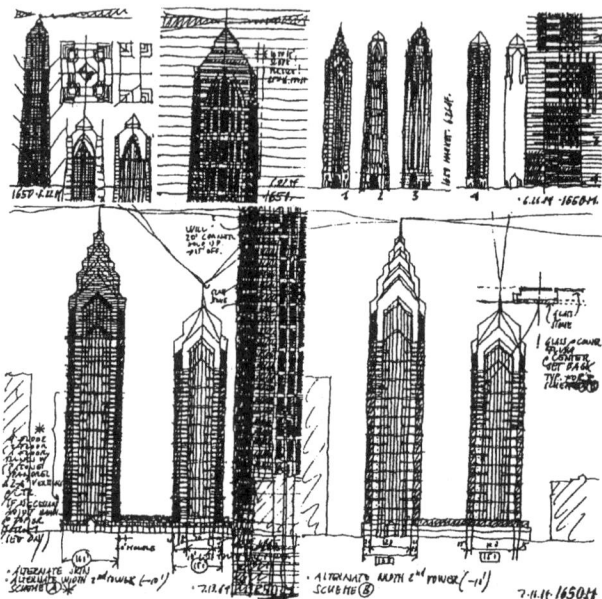

图2-19　世界著名建筑师赫尔穆特为推敲方案而构绘的草图，借助构绘，思维和表达互动，相互逐渐完善

（二）"意在笔先水到渠成"

在中国传统绘画中强调"意在笔先"，这与本章要讨论的"平面"与"空间"的思维转换问题似乎有着某种对应的关系，古人有"意在笔先"和"胸有成竹"等关于如何动笔作画的经验之谈，我们不妨借鉴古人的经验和心得，强调在表现对象之前的阶段。

❶ 相对绘画中的"具象的抽象"语言样式而言，在当代艺术设计中，学会纯粹的抽象的形式思维造型，摆脱具象化的思维纠缠。"犹如机器的内在力量来实现块面、线条、色彩或空间的组合形式。"如包豪斯著名建筑设计家格罗皮乌斯的包豪斯校舍设计，空间形式完全来自满足教学需求的大开向结构，不沿袭或放弃传统的柱廊式或挑檐式等装饰样式。把从使用需求出发而产生的功能形态看作为本质形态。

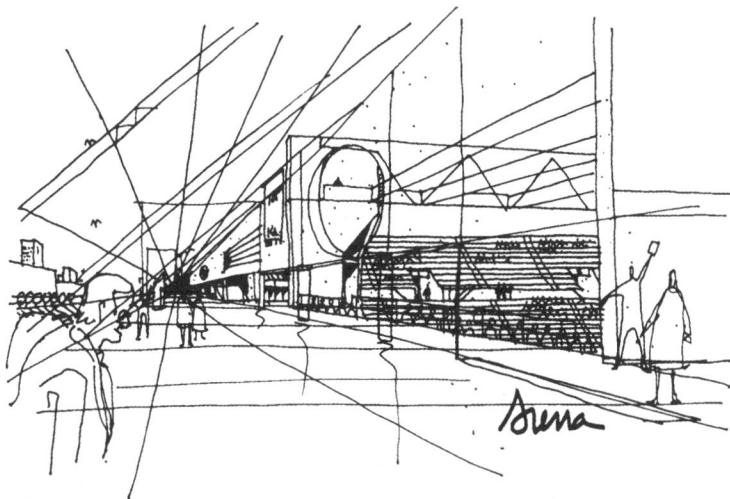

图 2-20　路易斯·康绘

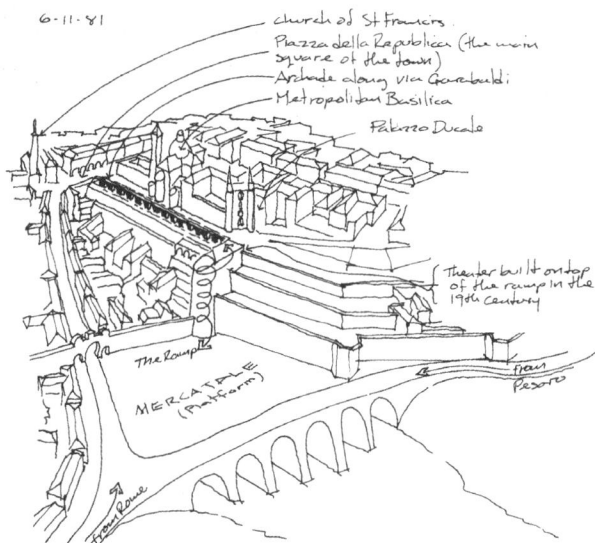

6·11·81

church of St Francis.
Plazza della Republica (the main square of the town)
Arcade along via Garibaldi.
Metropolitan Basilica
Palazzo Ducale

Theater built on top of the ramp in the 19th century

The Ramp
MERCATALE (Platform)
from Rome
from Pesaro

图 2-21

图 2-22

图2-23 崔笑声绘

图2-24 崔笑声绘

图2-25　崔笑声绘

　　构绘图形是在一张空白的纸上绘制出一个空间或是建筑的本来面貌，这与我们临摹建筑画是完全不一样的。在这样一种类似于"无中生有"的过程中，我们必须强调在动笔之前就要对表现对象有一个完全的了解和认识，并做到"胸有成竹"。这一个空间创意点在哪儿呢？用什么样的技巧才能"下笔如有神"。否则，当你盲目开始后再想改变就为时已晚了，此种错误不仅消耗大量的精力，也打击你的热情。

　　"意在笔先"中的"意"，我们可以从两个方面认识。

　　第一，就是我们的构绘对象已经由设计师进行了深入的设计，我们作为表现者只是将设计师的设计之"意"加以表现。这种情况下，要求表现者与设计者之间应有良好的沟通，表现者在充分了解设计师的心中之"意"以后，再利用自身的技巧将其最大限度地还原在受众面前。

　　第二，设计师自己作为表现者去表达自己设计的作品，这在设计的过程中是十分普遍的。因为，设计师需要将自己的思维转化成图像，以便自己能更进一步地分析、判断设计作品的优劣，为下一步设计提供一个比较好的依据，这就要求设计师不仅仅要选择构绘表现的形式和技法，还要更加认真地关注设计过程中的相关因素。

　　设计是一个复杂的思维过程，在这个过程中的不同阶段还要能清楚、准确地把思维片断乃至思维的整体意图表达出来，对于设计师而言这确实是十分艰辛的，同时也是充满挑战的工作。

　　"意在笔先"是在强调动笔之前要先动脑子，脑子中形成了"意"，胸中有了"竹"，表现就成了一种"水到渠成"的事情。在平面方案的设计过程中，就应时时把握住空间的特点，每一处形体、每一种功能的转换也都以三维的形象在思维中出现，这样平面布局就不仅仅是二维的点线关系，它的每一条线段及其所呈现出来的内容都是一种空间形象。具备这样的设计意识，不但能有效提高设计水准，也为更好地表现设计意图提供了良好的基础。在思维准备充分的情况下，表现就变得不是那么困难了，也就不会出现无从下手，不知所措的情况了。因为你心中已经有了一个蓝图，你只需通过表现技法画出来就可以，而构绘表现也仅仅是技术问题（见图2-26～图2-37）。

（三）"激情"是推动构绘技法的催化剂

这部分内容我们讨论一下表现过程中的态度问题。从设计的初学者成长为经验丰富的设计师，"激情"是十分重要的催化剂，麻木、被动的接收技能和经验是不会有太大收获的。而我们在设计和技法的教学方面恰恰存在着这一弊端。在从事构绘表现的教学过程中经常遇到这样的学生，他们认真地听教师讲课，准备了齐全的绘图工具。但从他们茫然、充满期待的眼神里，却感觉不到他们的热情，他们就像小学生一样，等待着老师一笔笔的教给他们如何画苹果。但他们不知道自己已经是一名具有审美思维和具有一定判断力的成年人了。对于自己所面对的表现技法学习，他们完全可以发表自己的观点，让教师知道他们喜欢什么样的风格。在这里，交流是学习设计和表现的良好途径。

首先要热爱自己的专业，设计行业的蓬勃发展使一大批年轻人投身于此。但是，在决定投身于此时，一定要清楚地分析和了解这个行业，了解自己。如自己以前是否对三维空间有一定的认识等，最为重要的是自己是否有强烈的热情和兴趣。切记！在我们选择职业的时候，兴趣和爱好要高于谋生手段的目的。著名物理学家杨振宁说过："要凭热爱去工作，靠功利去工作是非常危险的。如果仅仅是为了谋生而已，可从事的行业选择的机会就大大增多了。"

图2-26　崔笑声绘

图2-27　崔笑声绘

图2-28　崔笑声绘

另外具有丰富的经验和敢于创新的精神，也是激活热情的一个因素，在进入行业的最初阶段就应该强调用最短的时间建立自己的分析和判断体系，并以此体系去检验、分析所遇到的各种问题。可能这个过程是漫长而痛苦的，但无论如何，我们只要有勇气从事这个行业，就应该具备更大的勇气去钻研和探索其未来发展的可能性。在不断的成长中，我们的兴趣和激情也会随着各个阶段的向前而发展。所以，学会不断地调整自己，并不断在其他的门类中捕捉新的足以刺激进一步探索的激情，使其变成另一种我们应该具有的能力。

图2-29

图2-30

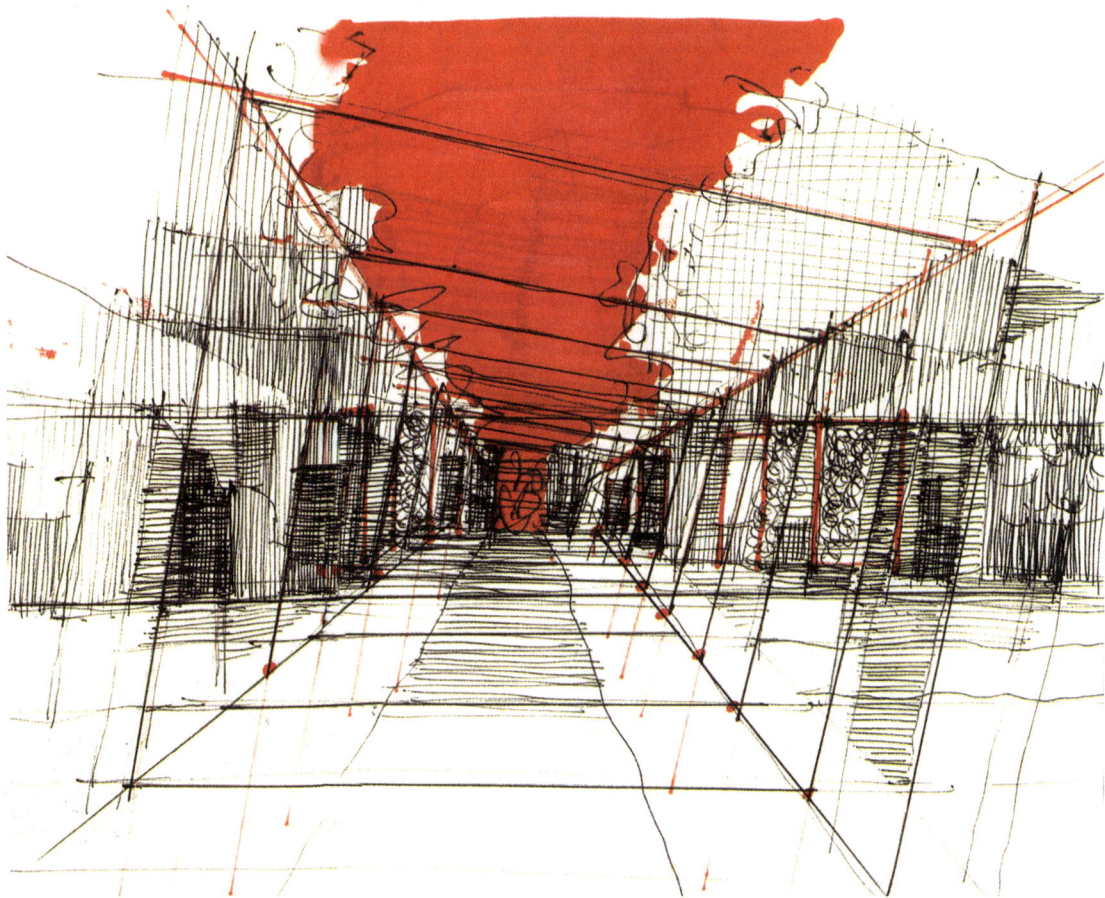

图2-31　崔笑声绘

图2-32 崔笑声绘

图2-33 陈元菊绘

图 2-34　艾翔绘

图 2-35　葛丽娜绘

图2-36 崔笑声绘

图2-37 崔笑声绘

（四）构绘作业与方案设计

经过前面的一番介绍空间的形象均跃然而出，要把这一阶段的构绘成果变为可视可感知的实在空间，为下一步搭建模型做好充分作业准备，另一方面可能作为摆在设计委托者面前的方案图，这里均要按照国家制图规范和有关要求精确绘制、如数完成。

学生可以在另一门课程《设计表达与制图》中专门学习相关的知识。

本章从空间想象、创意到空间构绘做了广泛的讨论。这些讨论很多问题都有待完善。有些只作为问题提了出来，仅做参照。

人类认识真理和认识实践过程其道路永远不只一条。尤其是在艺术创造领域，探索的方法和表达的方式更不应只有统一的模式，只有深谙空间造型的艺术思维规律和把握住时代的思维裂变并勇于创造，才能从根本上打开我们的创作思路，也才能真正创作出无愧于我们时代的力作。

作业练习

（1）把自己的原创空间设计用构绘方式画出三套共计10～15张（在八开纸上）。

（2）在电脑上用CAD软件绘制出一套完整的平、立面图、三维表现图作业，并把平、立面图、三维表现图（黑白或彩色不限）绘制在对开素描纸上（制作模型用）。

第三章
搭建模型——体会从空间想象到现实模拟的乐趣

　　模型是一种将构思形象化的有效表现手段，它能将三维空间的关系准确地表达出来，实际上利用建筑模型可以引发更多的创造力。引用约瑟芬·盖尔的话"建筑之中的秘密性是占有次要地位的，建筑最终不可避免成为一种公共事物，建筑模型则是一种我们与建筑之间更简单更密切的交流方式。"设计模型是一种多维空间的视觉形象，它不仅能够对设计构思起到表达作用，而且还具有表现视觉对象的色彩、质感、空间、体量和肌理等功能。由于模型自身具备的直观性、可视性与空间审美价值，因而能够使人们了解到客观对象真实比例关系与空间组合关系，给人产生一种"以小观大"的效果。这样设计师就可以通过对模型的研究和制作、理解与省悟，深化并发展构思。因此它的理解和表达设计方案非常直接，在构思的每一个阶段中，它都对开拓设计思维、提高空间认识和交换设计手法有积极的作用。

第一节　"戏剧性"的模型意义

　　构绘和制作模型的意义就是拟定出有创造性基础的设计图，使之以一种戏剧性的制作模型形式构建起来（见图3-1～图3-3）。

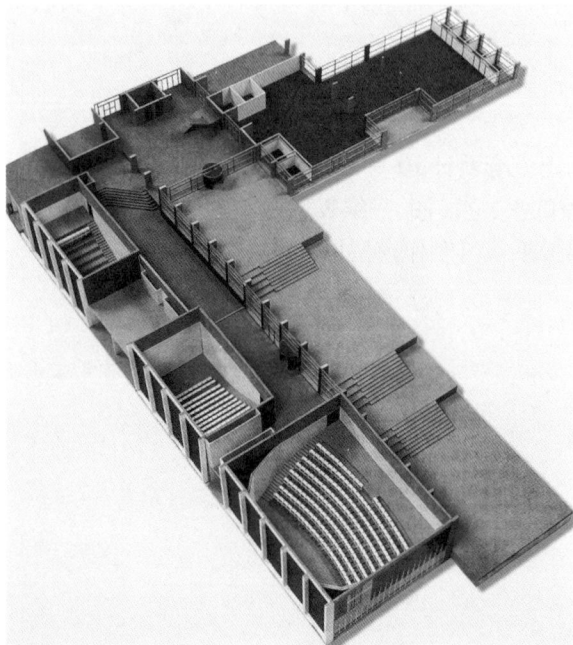

图3-1　模型

　　模型描述并建造出自己的真实性就模型自身来说一直是可能的，而这样的事实和建筑物的真实性几乎没有关联。这里，模型只是表达草图的思想内容和空间概念的。它在一个空间建筑完成之后便退居次位，仿佛被掩藏起来了，后期所营造的空间往往是连设计师本人也无法辨识的。但模型无论在初学阶段还是在方案表达的各个阶段中，其作用总是很大的。

　　模型建构的基本元素是体量、片板和支柱的制作，制作时应研究推敲它们不同的尺度、形式和材质，并仔细研究每个元素间的关联性所形成的三度空间关系。

图3-2 模型

图3-3 模型

第二节 空间模型分类

模型制作分类一般分为方案模型和展示模型两种情况。方案模型包括单体空间和群体空间两种模型。它主要用于空间设计过程中的形态创意表现以及分析现状、推敲设计构思和论证方案可行性等环节工作。这类模型由于侧重面不同，因而制作深度也不一样（见图3-4和图3-5）。

展示模型与方案模型相同，也包括单体空间和群体空间两种模型。它是空间设计师在完成空间设计后，将方案按一定的比例微缩后制作成的一种模型。这类模型无论是材料的使用，还是制作工艺都十分考究。其主要用途是在各种场合上展示设计师设计的最终成果。

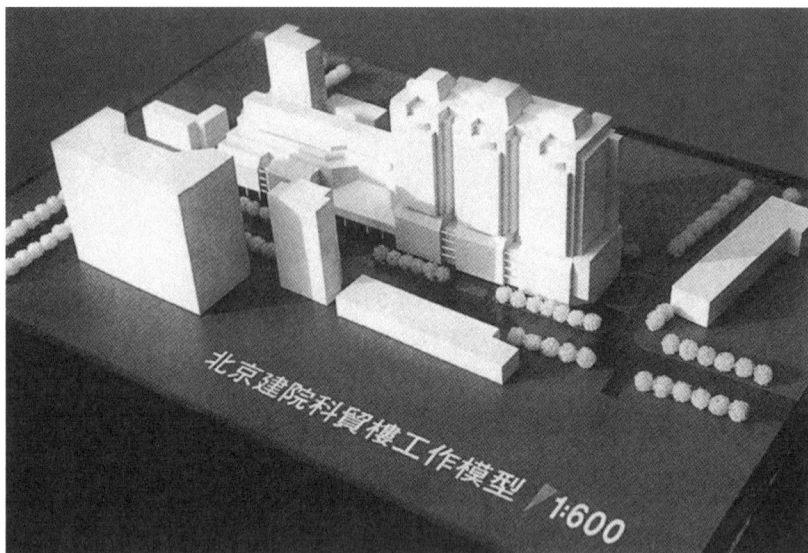

图3-4 模型

图3-5 模型

第三节 模型制作设计、模型主体及配景绿化制作设计

模型制作设计是空间构绘设计完成后，空间模型制作前，依据空间模型制作的内在规律及工艺加工过程所进行的制作前期策划。

模型制作设计主要是从制作角度上进行构思的。它可以分为两部分，即建筑模型主体制作设计和建筑模型配景制作设计。

一、建筑空间模型主体制作设计

建筑模型主体制作设计是在模型制作过程中首先要考虑的一个重要环节。所谓主体制作设计，是指在宏观上控制建筑模型主体制作的全过程，根据模型用途的属性制定制作方案。

现在空间模型用途属性一般归纳为三种，商业展示型、学术研究型和学生课程作业型。

商业展示型建筑模型一般是指展览会、房展会所见到的建筑模型。这类建筑模型一般是用电脑雕刻机完成平面加工制作后，手工装配完成整体制作。事无巨细，色彩很写实，这种制作较为程式化，具有很强的商业味道。

学术研究型模型主要用于空间形态表现研究和分析设计方案现状。这类模型有用手工加工制作的，也有用电脑雕刻机完成整体加工制作的。模型具有很强的专业性，所以无论从效果表达，还是色彩的利用上，既概括又抽象。它和商业展示型模型有着不同的视觉效果。

学生课程作业型空间模型主要用于教学中学生表达空间设计的课程作业。基本上以手工和一些基本加工机具来完成。这类模型虽然工艺加工略显粗糙，但重点突出，表达手段多样化，更具原创性和生动性。

综上所述，在分析了三种不同类型的模型特点后不难看出，不同用途属性的模型制作的侧重点也不尽相同。所以，在模型主体制作设计时，要根据特定的制作空间对象来制定制作方案设计。

制定模型主体制作方案是模型制作的关键点。建筑主体制作方案设计的如何往往决定着模型制作的成败。作为初次接触模型的制作者和一般建筑模型制作者往往忽略了这一环节，而是处于一种非理性、机械地照图制作。其实不然，模型制作是一种造型艺术，它所体现的是一种内容与形式相统一的美，这种美绝不是通过机械、程式化制作所能体现的。所以，在模型制作前，一定要根据空间设计先进行建筑模型主体制作设计，仔细制定出一套具体的制作方案。

建筑模型主体制作方案的制订依据是建筑空间设计。首先要取得空间设计的全部图文资料，利用电脑雕刻机制作建筑模型时最好获取电子文件。一般规划类空间模型制作应有总平面图，图纸上的建筑要标有层数或高度等数据。若制作比例尺较大的建筑模型，根据制作要求需有相应的建筑立面或轴测图。对于制作大型规划类空间模型有条件的应具有效果图，便于整体控制。制作单体或群体建筑的展示类空间模型，则要求具备总平面图，建筑单体的各层平面图、立面图和剖面图，有条件的应具有相应的效果图，为模型制作者提供单体立面色彩表现及效果表达的参考依据。

在上述图文资料准备齐备后，即可进行制作方案设计。制作方案设计不同于建筑设计，它主要是在建筑设计的基础上，对建筑模型主体制作中的各环节所进行的制作前期策划。主要应从以下几个方面考虑。

1. 总体与局部

在进行每一组建筑模型主体设计时，最主要的是把握总体关系。所谓把握总体关系，就是根据建筑设计的风格、造型等，从宏观上控制建筑模型主体制作的选材、制作工艺及制作深度等诸要素。在上述诸要素中，制作深度是一个很难掌握的要素。一般认为制作深度越深越好，其实这只是一种片面的认识，实际上制作深度没有绝对的，而是相对的，都是随其整体的主次关系、模型比例的变化而变化。只有这样，才能做到重点突出和避免程式化的制作。

在把握总体关系时，还应该结合建筑设计的局部进行综合考虑。因为，作为每一组建筑模型主体，从总体上看，它都是由若干个点、线、面进行不同的组合而形成的。但从局部来看，造型上都存在着一定的个体差异性。然而，这种个体差异性，制约着建筑模型制作工艺和材料的选定。所以，在进行建筑模型主体制作设计时，一定要结合局部的个体差异性进行综合考虑。

2. 效果表现

效果表现是在制定制作方案时首先要考虑到的一个问题，也就是说要制作的模型要通过何种方式来表达何种效果，在考虑这一问题时，主要是围绕建筑主体而展开的。

建筑主体是根据设计人员的平、立面组合而形成的具有三维空间的建筑物。但有时由于方案的设计和建筑模型制作比例等因素的限制，很难达到建筑模型制作预想的最终效果表现。所以，制作模型前，根据图文资料及对效果表现的要求进行建筑模型立面表现的二次设计，但这里应该指出的是这种设计是以不改变原有设计为前提的。

在进行建筑立面表现设计时，首先将立面图放至实际制作尺度。然后，对建筑设计的各个立面进行观察。同时，对最大立面与最小立面、最复杂立面与最简单立面进行对比观察。在观察中不难发现，图纸比例若大于实际制作比例，其立面就容易产生过繁现象，这时就要考虑在具体制作时进行适当简化。反之，原设计图纸比例小于实际制作比例时，其立面就容易产生过简现象，这时就要进行适当调整，以取得最佳的制作效果。此外，在进行建筑立面表现设计时，还应充分考虑到建筑设计图纸的立面所呈现的平面线条的效果，而建筑模型立面是具有凹凸变化的立体效果。这种由平面线条效果转换为凹凸变化立体效果的加工过程中，一定要分清楚有些图形是功能性的，有些是装饰性的，在进行建筑立面表现设计与加工制作过程中，一定要做到内容与形式相统一。另外，还要考虑建筑模型的制作尺度。在制作不同尺度的建筑模型时，制作技巧和效果表达的方法不尽相同，因为建筑模型的加工是由相应的加工机具来完成，在特定的情况下。建筑模型制作尺度、加工机具的精度制约着效果的表现。所以，在进行建筑主体立面设计时，一定要把模型制作尺度、制作技法、效果表达诸要素有机地结合在一起，综合考虑、设计，一定要注意这种表达要适度，不应破坏模型的整体效果。

3. 材料选择

材料是模型制作的载体。模型制作是以纸、塑、木三大类为主体制作材料，利用不同的加工工艺完成由平面转换为具有三维空间的造型。

在制定模型制作方案时，合理地选择模型制作材料尤为重要。在选择制作模型材料时，一般是根据建筑主体的风格、造型进行选择。通常制作的建筑模型有古建类、仿古建类和现代建筑类等不同风格。由于制作的主体对象不同及各种材料的表现力度也不尽相同，所以要根据具体的制作内容进行材料的选择。

在制作古建筑模型时，一般多采用木质（轻木、航模板）为主体材料。用这种材料来制作古建筑模型，具有同质同构的效果。同时，从加工制作角度上来看，也有利于古建筑的表现。但这种建筑模型是利用材料自身的本色，不作后期的面层色彩处理，如果要表现色彩效果，还是应选用塑性材料。

在制作现代、仿古建筑模型时，一般较多采用塑性材料，如有机板、ABS板和PVC板及卡片板等。因为，这些材料质地硬而挺括，可塑性和着色性强。经过加工制作及面层处理后，可以达到极高的仿真程度与效果，特别适合现代建筑、仿古建筑模型的表现。

另外，在选择模型制作材料时，还要参考模型制作比例、空间尺度和模型细部表现深度等诸要素进行选择。一般来说，材质密度越大材料越坚硬，越利于模型的表现和细部的刻画。

总之，制作空间模型的材料选择应根据制作对象而定，切不可以程式化和模式化。

4. 模型色彩

空间模型的色彩是利用不同的材质或仿真技法来传达色彩效果的。模型的色彩与实体建筑色彩不同，就其表现形式而言，模型色彩表达形式有两种，一种是利用建筑模型材料自身的色彩，这种表现形式体现的是一种纯朴而自然的美；另一种是利用各种涂料进行面层喷涂，产生色彩效果，这种形式体现的是一种外在的形式美。在当今的空间模型制作中，较多地采用后一种形式进行色彩处理。

利用材料自身的色彩进行色彩表现。一般是指用木质材料制作的空间模型，它是利用材料自有的色彩构成建筑模型的色彩，不作面层色彩的后期处理。这种形式的色彩表现难度很大，由于使用的木质及截取面不同，特别是使用肌理明显的木质时，它的每一个断面及立面具有一定的色彩差异，同时，这些材料又应用于不同尺度的个体制作。所以，模型制作者一定要注意色彩的整体性。在进行制作设计时，一定要根据造型及各构件、各单体间的关系，合理地进行选配，从而最大限度地达到色彩的统一性。

在利用各种涂料进行建筑模型色彩表现时，模型制作者一定要根据表现对象、材料的种类及所要表现的色彩效果，对色相、明度等进行制作设计。在制作设计时，首先，应特别注意色彩的整体效果，因为建筑模型是在橼尺间反映单体或群体的全貌，每一种色彩都同时映射入观者眼中，产生了综合的视觉感受，哪怕是再小的一块色彩若处理不当都会影响整体的色彩效果。所以，在空间模型的色彩设计与使用时，应特别注意色彩的整体效果。

其次，建筑模型的色彩具有较强的装饰性。建筑模型就其本质而言，它是微缩后的建筑空间景观。它的色彩是利用各种仿真工艺进行面层加工来表现的。由于体量的变化，色彩表现的方式不同，建筑模型的色彩与实体建筑的色彩也不同。建筑模型的色彩表现所表达的是实体建筑的色彩感觉，而绝不是简单的色彩平移的关系。因而建筑模型色彩也应随着建筑模型的缩微比例、材料的特点作相应的调整，这种调整只是在色彩明度上做一些调整。若建筑模型的色彩一味地追求实体建筑与材料的色彩，那么呈现在观者眼中的建筑模型的色彩感觉会很"脏"。

再次，建筑模型的色彩具有多变性。这种多变性是指由于建筑模型的材质不同、加工技法、色彩的种类与物理特性不同，同样的色彩所呈现的效果也不同。如纸、木类材料质地疏松，具有较强的吸附性，而塑料材料和金属类材料质地密而吸附性弱，用同样的方法来进行面层的色彩处理，纸、木类材料着色后，面层的色彩饱和度低，色彩无光，明度降低；塑料材料与金属类材料着色后，面层的色彩饱和度高，色彩感觉明快。这种现象的产生，就是由于材质密度不同而造成的。又如，在众多的色彩中，蓝、绿色等明度较低色彩属冷色调的色彩，红、黄色等明度较高色彩属暖色调的色彩，在作建筑模型面层色彩处理时，同样的体量，冷色调的色彩会给人视觉造成体量收缩的感觉，暖色调会给人视觉造成体量膨胀的感觉。当这两类色彩加入不同量的白色后，膨胀和收缩的感觉也会随之发生变化。这种色彩的视觉效果是由于色彩的物理特性而形成的。再如，在设计使用色彩时，通过不同色彩的组合和喷色技法的处理，色彩还可以体现不同的材料质感。通常见到的石材效果，就是利用色彩的物理特性，通过色彩的组合及喷色技法处理而产生的一种仿真程度很高的视觉效果。

这里，建筑空间模型色彩的多重性，既给建筑模型色彩的表现与运用提供了很大的空间，同时，它又受建筑模型制作比例、尺度和材质等因素的制约影响。所以，模型制作人员在设计制作建筑空间模型色彩时，一定要综合考虑上述诸要素，从而最好地表现建筑空间模型的色彩。

二、模型绿化制作设计

空间模型配景制作设计是建筑模型制作设计中的一个重要组成部分。它所包括的范围很广，其中最主要的是绿化制作设计。建筑空间模型的绿化是由色彩和形体两部分构成的。但作为设计制作的图纸深度则处于方案和详细规划阶段，因此，对于绿化只是在布局及面积上有所标明。作为模型制作则要把这种平面的设想，制作成有色彩和形体的实体环境，必须在制作前对设计的思路和表现意图有其鲜明的定位。同时，还要在上述了解的基础上，根据模型制作的类别及内在规律，合理地进行制作设计。设计时应从以下几方面考虑。

1. 绿化与建筑主体关系

建筑主体是设计制作建筑模型绿化的前提。在进行绿化设计制作前，首先要对建筑主体的风格、表现形式以及在图面上所占的比重有明确的了解。因为，绿化无论采用何种表现形式和色彩都是紧密地和建筑主体形成各种关系的。

在设计制作大比例单体或群体建筑模型绿化时，对于绿化的表现形式要考虑尽量做得简洁些，要做到示意明确、清新有序，但不要求新求异，切忌喧宾夺主。树的色彩选择要稳重，树种的形体塑造应随其建筑主体的体量、模型比例与制作深度进行刻画。

当然，在设计制作大比例别墅模型绿化时，表现形式可以考虑做得新颖、活泼，给人一种温馨的感觉，塑造一种家园的氛围。树的色彩则可以明快些，但一定要掌握尺度，如色彩过于明快则会产生一种漂浮感。树种的形体塑造要有变化，要做到有详有略、详略得当。

在设计制作小比例规划模型绿化时，表现形式和侧重点应放在整体感觉上。因为，作为此类建筑模型的建筑主体由于比例尺度较小，一般是用体块形式来表现的，其制作深度远远低于单体展示型模型的制作深度。所以，在设计制作此类建筑模型绿化时，主要将行道树与组团、集中绿地区分开。房间绿化时应简化，如果过分刻画，则会产生空间的拥挤感。在选择色彩时，行道树的色彩要与绿地基色形成一定的反差。这样处理，才能通过行道树的排列将路网明显地镶嵌进去。作为集中绿地、组团绿地，表现形式与行道树不同，色彩上也应有一定的反差，这样表现能使绿化具有一定的层次感。

在设计制作园林规划模型绿化时，要特别强调园林的特点。在各种类型的建筑模型中，园林规划模型的绿化占有较大的比重，同时还要表现若干种布局及树种。因此，园林规划模型的绿化有其较大的难度。在设计此类模型绿化时，一定要把握总体感觉，要根据真实环境设计绿化。而在具体表现时一定要采取繁简对比的手法表现，重点刻画中心部位，简化次要部分。切忌机械地、无变化地堆积和过分细腻地追求表现。另外，绿化还要注意与建筑主体的关系。在制作园林绿化时，树与主体建筑要错落有序，要特别注意尺度感。同时，还要相互呼应，使绿化与主体建筑自然地融为一体，真正体现园林绿化的特点。

2. 绿化中树木形体的塑造

自然界中的树木千姿百态。但作为建筑模型中的树木，不可能也绝对不能如实地描绘，必须进行概括和艺术加工。

在设计塑造树种的形体时，一定要本着源于自然高于自然去进行。源于自然，是因为自然界中的各种树木在人们的视觉中已形成了一种定势，而这种定势又将影响着人们对建筑模型中树木表现的认知，源于自然界绝不意味着机械地模仿。建筑模型是经过缩微和艺术化的造型体，同时它又是用不同的材质来表现物体的原形。所以，在进行树形的塑造时，必须在依据各自原形的基础上，加以概括表现。

以上所涉及的只是在树种形体塑造时总的原则。在具体设计制作时,还要考虑模型的比例、绿化面积及布局等因素的影响。

(1) 建筑模型比例的影响。在设计制作各种树木时,建筑模型的比例直接制约着树木的表现。树木形体刻画的深度随着建筑模型比例的变化而变化。一般来说,在制作 1 : 500 : 2000 比例的建筑模型时,由于比例尺度较小,制作此类模型的树木应着重刻画整体效果,而不能过分追求树的单体塑造。如过分追求树木的造型,一方面会破坏绿化与建筑主体的主次关系,另一方面往往会使人感到很匠气。在制作 1 : 300 以上比例的建筑模型时,由于比例尺度的改变,必须着重刻画树的个体造型。与此同时也要注意个体、群体、建筑物三者间的关系。

(2) 绿化面积及布局的影响。在设计制作建筑模型的绿化时,应根据绿化面积及总体布局来塑造树的形体。

在设计制作同比例而不同面积及布局的建筑模型绿化时,对于各种树木形体的塑造要求各不相同。在设计制作行道树时,一般要求树的大小、形体基本保持一致,树冠部分要饱满些,排列要整齐划一,这种表现形式体现的是一种外在的秩序美。在制作组团绿化时,树木形体的塑造一定要结合绿化的面积来考虑。排列时疏密要得当,高低要有节奏感,还要注意绿化的布局,若组团绿地是对称形分布,在设计制作绿化时,一定不要破坏它的对称关系,当然还要在对称中求变化。若组团绿地分布于盘面的多个部位,则要注意各组团间的关系,使之成为一个有机的整体。在设计制作大面积绿化时,要特别注意树木形体的塑造和变化。因为通过改变树木的形体,可以消除由于绿化面积大而带来的视觉的贫乏感使绿化更具吸引力。另外,要把握由若干形体各异树木所组成绿化群体的整体性。这种大面积绿化形式,给人的视觉感是一种和谐的自然景观,它所体现的是一种自然、多变、有序的美。

建筑模型中绿化树木的形体塑造与绿化面积、布局三者间有着密不可分的关系。三者间相互作用、相互影响。在设计和制作绿化时,要正确处理好三者间的关系。

3. 绿化树木的色彩

树木的色彩是绿化构成的另一个要素。自然界中的树木色彩通过阳光的照射自身形体的变化、物体的折射和周围环境的影响产生出微妙的色彩变化。但在设计建筑模型树木色彩时,由于受模型比例、表现形式和材料等因素的制约,不可能如实地描绘自然界中树木丰富而微妙的色彩变化,只能根据模型制作的特定条件来设计描绘树木的色彩。

在设计处理模型绿化树木色彩时,应着重考虑如下关系。

(1) 色彩与建筑主体的关系。在处理不同类别的模型绿化色彩时,应充分考虑色彩与建筑主体的关系。因为,任何色彩的设定,都应随其建筑主体的变化而变化。如在表现大比例单体模型绿化时,色彩要追求稳重,变化要简洁,并富有装饰性。稳重的色彩,一方面可以加强与建筑主体色彩的对比,使建筑主体的色彩更加突出;另一方面,它可以加强地面的稳重感。单体建筑主体一般体量较大、空间形体变化较丰富。相对而言,地面绿化必须配较稳重的色彩,这样才能使模型整体产生一种平衡感。另外,单体建筑模型绿化的色彩变化应简洁,将示意图的主要功能表现出来即可。同时,色彩不要太写实,要富有一定的装饰性。如色彩变化过多,太写实,将破坏盘面的整体感和艺术性。

在表现群体建筑模型绿化,特别是小比例的规划模型绿化时,色彩的表现要特别注意整体感和对比关系。这类模型由于比例关系,建筑主体较多地表现体量而较少表现细部。绿化与建筑主体在平面所占比重基本相等，有时绿化还大于建筑主体所占的面积。所以，在表现这类模型绿化时，要特别注意色彩的整体感和对比性。一般这类模型的建筑色彩较多地采用浅色调，而绿化色彩采用深色调，两者形成一定的对比关系，从而突出了建筑主体的表现，增强了整体效果。

（2）色彩自身变化与对比关系。在设计绿化色彩时，除了要考虑与建筑主体的关系，还要考虑绿化自身色彩的变化与对比。

这种色彩的变化与对比，原则上是依据绿化的总体布局和面积的大小而变化的。在树木排列集中和面积较大时，应强调色彩的变化，通过色彩的变化增强绿化整体的节奏感和韵律感，反之，则应减弱色彩的变化。这里应该强调指出的是，这种色彩变化不是单纯的色彩明度变化，一定要注意通过色彩变化形成层次感和对比关系。所谓层次感，就好比绘画中的素描关系，整体中有变化，变化中求和谐。所谓对比关系，就是在设计绿化色彩时，最亮的色块与最暗的色块有一定对比度。如果绿化整体色彩过暗且缺少色彩间的对比，其结果会给人一种沉闷感。如果色彩过分强调对比，则容易产生斑状色块，破坏绿化的整体效果。

总之，在设计绿化色彩时，应合理地运用色彩的变化与对比关系。

（3）色彩与建筑设计的关系。建筑模型绿化的色彩原则是依据建筑设计而进行构思。因为，建筑模型绿化的色彩是建筑模型整体构成的要素之一。同时，它又是绿化布局、边界、中心、区域示意的强化和补充。所以，建筑模型绿化的色彩要紧紧围绕其内容进行设计和表现。

在进行具体的色彩设计时，首先要确定总体基调。总体基调一般要考虑建筑模型类型、比例、盘面面积和绿化面积等因素。其次，要确定色彩表现的主次关系。色彩表现的主次关系一般是和建筑设计相一致的。中心部位的色彩一定要精心策划，次要部位要简化处理。在同一盘面内，不要产生多中心或平均使用力量的方式进行色彩表现。再次，注意区域色彩效果。在上述色彩表现原则的基础上，注意局部色彩的变化。局部色彩处理得好坏，将直接影响绿化的层次感和整体效果。在具体的工作中，绿化的色彩与表现形式、技法存在着多样性与多变性。在建筑模型设计制作时，要合理地运用这些多样性和多变性，丰富模型的制作，完善对空间设计的表达。

三、建筑模型地面设施配景制作设计

配景主要是指建筑主体与绿化以外的部分。如水面、汽车、围栏、路灯、建筑小品等地面设施，这部分制作内容是由造型与色彩构成。在设计配景制作时，除了要准确理解建筑设计思路和表现意图外，还要参考建筑主体及绿化的表现形式而进行构思。在由平面向立体转化的过程中，要准确掌握配景物的造型、体量和色彩等要素，根据建筑模型制作的比例要加以概括，准确地把握与建筑主体的关系，绿化的主次关系。同时，还应注意到这些配景与建筑主体、绿化既存在着主次关系，又存在着互补关系。这种互补关系是有造型和色彩的。如在处理停车场的效果表现时，在相应的位置上摆放几辆不同色彩的汽车，一方面明确示意其功能性，另一方面通过车辆的造型与色彩来加强建筑空间模型的整体效果。

总之，在设计配景制作时，要有丰富的想象力和概括力，并正确处理各构成要素之间的关系（见图3-6～图3-16）。

搭建模型的工艺、材料、方式和方法也是多种多样的，作为学生课程作业其加工机具和材料不宜太复杂，以手工为主。但要求创意独特、有个性，具有原创性，表达手段多样化。还有许多制作方法如模型、底盘、地形、道路的制作等等，此处不再赘述。

图 3-6

图 3-7

图 3-8

图 3-9

图 3-10

图 3-11

图 3-12

图 3-13

图 3-14

图 3-15

图 3-16

　　通过理性的思维与艺术的表达，将平面的空间设计转换为空间模拟的实体环境，由此能体会到模拟空间的乐趣。

作业练习

（1）搭建完成由空间内（室内）或外（外环境景观）或内外结合的空间实体模型一件。

（2）作品规格：0 号图纸大小。

（3）材料不限。

参考文献

[1] 彭一刚.空间组合论.北京：中国建筑工业出版社，2005.

[2] 郑曙阳.室内设计思维与方法.北京：中国建筑工业出版社，2003.

[3] 程大锦.建筑：形式、空间和秩序.天津：天津大学出版社，2005.

[4] 罗玲玲.建筑设计创造能力开发教程.北京：中国建筑工业出版社，2003.

[5] 崔笑声.设计手绘表达/思维与表现的互动.北京：中国水利水电出版社，2005.

[6] 朗世奇.建筑模型设计与制作.北京：中国建筑工业出版社，2006.

[7] [美]诺曼·克罗 保罗·拉塞奥.建筑师与设计师视觉笔记.吴宇江，刘晓明，译.北京:中国建筑工业出版社，1999.

[8] 贾倍思.型和现代主义.北京：中国建筑工业出版社，2003.

[9] 中国建筑装饰协会.室内设计师培训考试教材.北京：中国建筑工业出版社，2006.

[10] [德]沃尔夫冈·科诺 马丁·黑辛格尔.建筑模型制作.大连：大连理工大学出版社，2003.

[11] 邵龙，李桂文，朱逊.室内空间环境设计原理.北京：中国建筑工业出版社，2004.

[12] [意大利] kenneth frampton.理查德·迈耶.大连：大连理工大学出版社，2004.

[13] [英]乔纳森·格兰锡.20世纪建筑.李洁修，段成功，译.北京：中国青年出版社，2002.

[14] 莫尚勤.第五园·蓝山·万科印象.武汉：华中科技大学出版社，2006.

[15] [美]菲利普·朱迪狄欧.保罗·安德鲁.徐群丽，译.北京：中国电力出版社，2006.

[16] [美]马库斯·宾尼.航空港建筑.大连：大连理工大学出版社，2003.

[17] [美]柯蒂斯·W·芬特雷斯.市政建筑.大连：大连理工大学出版社，2003.

[18] 蓝先琳.中国古典园林大观.天津：天津大学出版社，2002.

[19] 香港金版文化出版社/深圳市金版文化发展有限公司.上海五星级酒店.海口：南海出版公司，2004.

[20] [美]狄克逊.世界银行总部大楼.张春明，姜绍飞，张春丽，译.沈阳：辽宁科学技术出版社，2003.

[21] 火霄.KTV&夜总会.沈阳：辽宁科学技术出版社，2004.

[22] [美]詹姆斯·斯蒂尔.剧院建筑.张成思，尹东平，译.大连：大连理工大学出版社，2003.

[23] [英]埃德温·希思科特.影院建筑.大连：大连理工大学出版社，2003.

[24] [英]埃德温·希思科特，艾奥娜·斯潘丝.教堂建筑.大连：大连理工大学出版社，2003.